世界飞机大全（图鉴版）

《深度军事》编委会◎编著

清华大学出版社
北 京

内容简介

本书是介绍世界飞机的科普图书，书中精心收录了20世纪30年代以来世界各国设计制造的一百余款经典飞机，涵盖民航客机、民用货机、公务机、通用飞机、民用直升机、军用飞机等类型，完整呈现了世界航空工业的发展面貌。每款飞机都配有精美的整体鉴赏图和局部特写图，帮助读者了解飞机构造。为了增强图书的知识性和趣味性，部分飞机添加了一则趣味小知识，作为延伸阅读。

本书内容结构严谨，分析讲解透彻，图片精美丰富，适合广大航空爱好者阅读和收藏，也可以作为青少年的科普读物。

图书在版编目（CIP）数据

世界飞机大全：图鉴版 /《深度军事》编委会编著．—北京：清华大学出版社，2020.5
（2024.12重印）
（世界武器大全系列丛书）
ISBN 978-7-302-54262-9

Ⅰ．①世… Ⅱ．①深… Ⅲ．①飞机—世界—图集 Ⅳ．① V271-64

中国版本图书馆CIP数据核字（2019）第258922号

责任编辑：李玉萍
封面设计：李　坤
责任校对：张彦彬
责任印制：丛怀宇

出版发行：清华大学出版社
网　　址：https://www.tup.com.cn, https://www.wqxuetang.com
地　　址：北京清华大学学研大厦A座　　邮　　编：100084
社 总 机：010-83470000　　邮　　购：010-62786544
投稿与读者服务：010-62776969，c-service@tup.tsinghua.edu.cn
质 量 反 馈：010-62772015，zhiliang@tup.tsinghua.edu.cn
印 装 者：北京博海升彩色印刷有限公司
经　　销：全国新华书店
开　　本：146mm×210mm　　印　　张：6.125　　字　　数：156千字
版　　次：2020年7月第1版　　印　　次：2024年12月第13次印刷
定　　价：45.00元

产品编号：084608-01

前言

飞机是指具有一台或多台发动机的动力装置产生前进的推力或拉力，由机身的固定机翼产生升力，在大气层内飞行的重于空气的航空器。

飞机是 20 世纪初重大的发明之一，公认由美国人莱特兄弟发明。他们在 1903 年 12 月 17 日进行的飞行作为“第一次重于空气的航空器进行的受控的持续动力飞行”被国际航空联合会所认可。自从飞机发明以后，飞机日益成为现代文明不可或缺的交通工具。它深刻地改变和影响了人们的生活，开启了人类征服蓝天的历史。

飞机不仅广泛应用于民用运输和科学研究，还是现代军事里的重要武器，所以又分为民用飞机和军用飞机。民用飞机除客机和运输机以外还有农业机、森林防护机、航测机、医疗救护机、游览机、公务机、体育机，试验研究机、气象机、特技表演机、执法机等。军用飞机使战争由平面发展到立体空间，对战略战术和军队组成等产生了重大影响。

本书是介绍世界飞机的科普图书，全书共分为 7 章，第一章简明扼要地介绍了飞机的发展历程、分类标准和基本构造，其他各章分别介绍了 20 世纪 30 年代以来世界各国设计制造的重要民航客机、民用货机、公务机、通用飞机、民用直升机、军用飞机，基本涵盖了民用飞机和军用飞机的主要类型。通过阅读本书，读者可以全面认识这些飞机，并在一定程度上了解世界主要航空强国的飞机发展脉络和空军实力。对于想要进一步学习军事知识的读者，本书还设有配套的电子书，读者可以使用手机扫描书中二维码，进行拓展阅读。

本书是真正面向军事爱好者的基础图书，编写团队拥有丰富的军事图书写作经验，并已出版了许多畅销全国的图书作品。与同类图书相比，本书不仅图文并茂，在资料来源上也更具权威性和准确性。同时，本书还拥有非常完善的售后服务，读者朋友可以通过电话、邮件、官方网站和微信公众号等多种途径提出您宝贵的意见和建议。

本书由《深度军事》编委会创作，参与编写的人员有阳晓瑜、陈利华、高丽秋、龚川、何海涛、贺强、胡姝婷、黄启华、黎安芝、黎琪、黎绍文、卢刚、罗于华等。对于广大资深军事爱好者，以及有意了解国防军事知识的青少年来说，本书不失为有价值的科普读物。希望读者朋友们能够通过阅读本书，循序渐进地提高自己的军事素养。

欧洲空中客车 A300-ST 货机

Chapter 01 飞机漫谈

飞机自 20 世纪初问世以来，日益成为现代文明不可缺少的重要工具，深刻地改变和影响着人们的生活。它不仅广泛应用于民用运输和科学研究，还是现代军事里的重要武器。

飞机的历史

威尔伯 • 莱特

奥维尔 • 莱特

1804 年，英国人乔治 • 凯利在旋转臂上试验了一架滑翔机模型，第一次将鸟类飞行原理进行人为的模仿，并提出了最早的“定翼”思想。19 世纪末，日后享誉世界的莱特兄弟（威尔伯 • 莱特、奥维尔 • 莱特）进入了航空研究领域，兄弟俩在总结前人的经验和教训的基础上，开始了他们的滑翔飞行试验。很快，他们完全弄清了一架成功的飞机所应具备的三要素：升举、推进和控制。

在 1990 年秋季到 1902 年秋季，莱特兄弟陆续制造了 3 架全尺寸双翼滑翔机，并利用自制风洞开展机翼翼形试验。其中，第三号滑翔机空重约 53 千克，加上飞行员后的重量在 150 ~ 155 千克。这架滑翔机在 1902 年秋开始试验时，取得了很大的成功，前后共计飞行了 700 余次，性能十分出色。

经过几年的努力，莱特兄弟的第一架飞机一“飞行者一号”终于出现在人们的面前。1903年12月17日，“飞行者一号”在北卡罗来纳州进行试飞。当天，“飞行者一号”总共进行了 4 次飞行，后来得到世界公认的第一次自由飞行是由哥哥威尔伯 • 莱特驾驶的第四次飞行，飞机在空中用 59 秒的时间飞行了 260 米。

这次飞行留空时间很短，但这是一项伟大的成就：它是人类历史上有动力、载人、持续、稳定、可操纵的重于空气的飞行器的首次成功飞行。这次成功飞行具有十分伟大的历史意义，为人类征服天空揭开了新的一页，也标志着航空飞机时代的来临。

此后，莱特兄弟又陆续制造了“飞行者二号”和“飞行者三号”。其中，“飞行者三号”可以进行重复起降、倾斜飞行、转弯和完全圆周飞行、“8”字飞行，表明它已具备了实用性，因此它被看作历史上第一架实用动力飞机。

飞机出现后的最初几年，基本上是一种娱乐的工具，主要用于竞赛和表演。但是当第一次世界大战（以下简称一战）爆发后，这个“会飞的机器”逐渐被派上了用场。1909 年，美国陆军装备了第一架军用飞机，机上装有 1 台 30 马力的发动机，最大速度 68 千米 / 时。同年制成 1 架双座莱特 A 型飞机，用于训练飞行员。

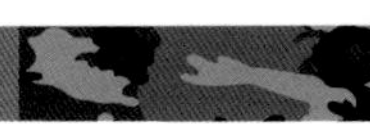

一战初期，军用飞机主要负责侦察、运输、校正火炮等辅助任务。当一战转入阵地战以后，交战双方的侦察机开始频繁活动起来。为了有效地阻止敌方侦察机执行任务，各国开始研制适用于空战的飞机。

“飞行者一号”试飞

世界上公认的第一种战斗机是法国的莫拉纳•索尔尼埃L型飞机。它由于装备了法国飞行员罗朗•加罗斯的“偏转片系统”，解决了一直以来机枪子弹被螺旋桨干扰的难题。随后，德国研制出更加先进的“射击同步协调器”并安装在“福克”战机上，成为当时最强大的战斗机。“福克”战机的出现，从根本上改变了空战的方式，提高了飞机空战能力，从此确立了战斗机武器的典型布置形式。

美国陆军航空队 P-51“野马”战斗机

随着空战的日趋激烈，战斗机作为飞机家族中的一个新成员，从此走上了“机动、信息、火力三者并重”的发展道路，在速度、高度和火力等方面不断改进。一战结束时，战斗机的最大飞行速度已达到 200 千米 / 时，升限高度达 6 千米，重量接近 1 000 千克，发动机功率 169 千瓦，大多配备 7.62 毫米的机枪。总体来说，飞机在一战中的地位是从反对到不重视，再到重视，其地位的不断发展也为以后的战争方式奠定了基础。

第二次世界大战（以下简称二战）中，飞机开始成为战争的主角。由于在一战中后期飞机的战略作用被各个国家所认识，到二战开始时，战机已经得到了很好的发展，各种不同作战用途的战机也应运而生，如攻击机、截击机、战斗轰炸机、俯冲轰炸机、鱼雷轰炸机等。

由于二战期间各种舰船（包括航空母舰）得到了大范围的使用，这也使得各种舰载机在战斗中具有巨大的发挥空间，往往是各种海战的主导者。飞机性能方面，二战期间的战斗机的最大速度已达 700 千米 / 时，飞行高度达 11 千米，重量达

6000 千克，所用活塞式航空发动机制功率接近 1470 千瓦。瞄准系统已有能作前置量计算的陀螺光学瞄准具。

二战末期，德国开始使用Me 262 喷气式战斗机，最大飞行速度达 960 千米/时。战后，喷气式战斗机普遍代替了活塞式战斗机，飞行速度和高度迅速提高。

20 世纪 50 年代初，首次出现了喷气式战斗机空战的场面。苏联制造的米格 -15“柴捆”（Fagot）和美国制造的 F-86“佩刀”（Sabre）都采用后掠后翼布局，飞行速度都接近音速（1100 千米/时），飞行高度 1.5 万米。机载武器已发展到 20 毫米以上的机炮，瞄准系统中装有雷达测距器。

带加力燃烧室的涡轮喷气发动机便于改善飞机外形，战斗机的速度很快突破了音障。20 世纪 60 年代以后，战斗机的最大速度已超过两倍音速，配备武器已从机炮、火箭发展为空对空导弹。

20 世纪 60 年代中期，以苏联米格 -25“狐蝠”（Foxbat）和美国 YF-12 为代表的战斗机的速度超过三倍音速，作战高度约 2.3 万米，重量超过 30 吨。但是 20 世纪 60 年代后期越南战争、印巴战争和中东战争的实践表明，超音速战斗机制空战大多是在中、低空，接近音速的速度进行的。空战要求飞机具有良好的机动性，即转弯、加速、减速和爬升性能。装备的武器则是机炮和导弹并重。因此，此后新设计的战斗机不再追求很高的飞行速度和高度，而是着眼于改进飞机的中、低空机动能力，完善机载电子设备、武器和火力控制系统。

到了 21 世纪初，战斗机基本是多功能战斗机，更加强调作战任务的灵活性，既能同对手进行空战，又拥有强大的对地攻击火力，能以尽量少的架次完成尽量多的任务，在执行任务中能够接受临时赋予的其他任务，甚至能够先空战然后再对地攻击。从现代空战的角度来看，未来空中战场不外乎是信息、机动和火力综合优势的争夺。未来战斗机系统之间的整体对抗，将表现为多机编队对信息、火力和机动的综合利用。

从某种角度上来说，飞机在近百年来所取得的技术突破几乎都是因为战争的推动。军用飞机的不断蜕变促进了航空航天技术的发展，民用飞机也因此获益匪浅，人们也越来越多地享受到飞机带来的舒适和便利。

美国空军 F-86“佩刀”战斗机

美国波音 747 民航客机

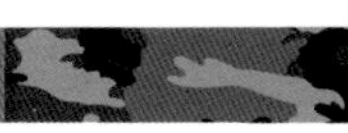

飞机的分类

按用途

以用途为分类标准，飞机可分为军用飞机与民用飞机两大类型。按不同的军事用途，军用飞机又可分为：战斗机（又叫歼击机）、攻击机（又叫强击机）、截击机、轰炸机、反潜机、侦察机、预警机、电子战机、军用运输机、空中加油机、无人机和靶机等。民用飞机则泛指一切非军事用途的飞机，包括客机、货机、邮政机、公务机、农林业用飞机、救火用飞机、救护机、试验研究机、教练机等。

按构造

由于飞机构造复杂，因此按构造的分类就显得种类繁多。如按机翼的数量可以将飞机分为单翼机、双翼机和多翼机，也可以按机翼平面形状分为平直翼飞机、后掠翼飞机、前掠翼飞机和三角翼飞机等。

按发动机类型

以发动机类型为分类标准，飞机可分为螺旋桨飞机和喷气式飞机。螺旋桨飞机包括活塞螺旋桨式飞机和涡轮螺旋桨式飞机。喷气式飞机主要包括涡轮喷气式、涡轮风扇式和涡轮螺旋桨式，另外还有处于发展阶段的冲压式。

美国 DC-7 螺旋桨飞机

按发动机数量

以发动机数量为分类标准，飞机可分为单发动机飞机、双发动机飞机、三发动机飞机、四发动机飞机、六发动机飞机、八发动机飞机之分。

按飞行速度

以飞行速度为分类标准，飞机可分为亚音速飞机和超音速飞机。亚音速飞机又分为低亚音速飞机（飞行速度低于 400 千米 / 时）和高亚音速飞机（飞行速度为 0.8~0.9 马赫）。多数喷气式飞机为高亚音速飞机。超音速飞机则是指速度能超过音速的飞机。

按航程

以航程为分类标准，飞机可分为近程飞机、中程飞机、远程飞机。远程飞机的航程为 11 000 千米左右，可以完成中途不着陆的洲际跨洋飞行。中程飞机的航程为 3 000 千米左右，近程飞机的航程一般小于 1 000 千米。近程飞机一般用于支线，因此又称支线飞机。中、远程飞机一般用于国内干线和国际航线，又称干线飞机。

按操作方式

以操作方式为分类标准，飞机可分为有人驾驶飞机和无人驾驶飞机（简称无人机）。顾名思义，前者需要载人，后者则由遥控设备或自备程序控制系统操纵。无人机通常是专门设计的，也有用其他飞机改装的。与有人驾驶飞机相比，无人机结构简单、重量轻、尺寸小、造价低廉，能完成有人驾驶飞机不宜执行的某些任务，在军事上已得到广泛应用。

欧洲空中客车 A380 喷气式飞机

飞机的结构

飞机的机体结构通常包括机翼、机身、尾翼、起落架。如果飞机的发动机不在机身内，则发动机短舱也属于机体结构的一部分。

机翼

机翼是飞机产生升力的部件，机翼后缘有可操纵的活动面，靠外侧的叫作副翼，用于控制飞机的滚转运动，靠内侧的则是襟翼，用于增加起飞着陆阶段的升力、着陆时阻力以及提供更大的上升、下降坡率。机翼内部通常安装油箱，机翼下面则可供挂载副油箱和武器等附加设备。有些飞机的发动机和起落架也被安装在机翼下方。部分大型飞机翼面设有扰流板，飞行转向时可以立起，降低升力辅助转向，亦可在飞行或降落接地时起到减速。

机翼有各种形状，数目也有不同。在航空技术不发达的早期为了提供更大的升力，固定翼机以双翼机甚至多翼机为主，但现代飞机一般是单翼机。

机身

机身的主要功用是装载人员、货物、设备、燃料和武器等，也是飞机其他结构部件的安装基础，将尾翼、机翼及发动机等连接成一个整体。但飞翼机是个例外，它的机身被隐藏在其机翼的内部。

尾翼

尾翼是用来平衡、稳定和操纵飞机飞行姿态的部件，通常包括垂直尾翼（垂尾）和水平尾翼（平尾）两部分。垂直尾翼由固定的垂直安定面和安装在其后部的方向舵组成，水平尾翼由固定的水平安定面和安装在其后部的升降舵组成，一些型号的飞机升降舵由全动式水平尾翼代替。方向舵用于小幅度控制及修正飞机的航向运动，升降舵用于控制飞机的俯仰运动。

起落架

起落架是用来支撑飞机停放、滑行、起飞和着陆滑跑的部件，由支柱、缓冲器、刹车装置、机轮和收放机构组成。陆上飞机的起落装置一般由减震支柱和机轮组成，此外还有专供水上飞机起降的带有浮筒装置的起落架和雪地起飞用的滑橇式起落架。

航空发动机

航空发动机是飞机动力装置的核心，主要功能是用来产生拉力或推力克服与空气相对运动时产生的阻力使飞机前进。次要功能则是为飞机上的用电设备提供电力，为空调设备等用气设备提供气源等。飞机的动力装置除发动机外，还包括一系列保证发动机正常工作的系统，如发动机燃油系统、发动机控制系统等。

现代飞机的动力装置一般为涡轮发动机（喷气发动机）和往复式发动机两种。应用较广泛的配置方式有四种：航空活塞式发动机加螺旋桨推进器；涡轮喷气发动机；涡轮螺旋桨发动机；涡轮风扇发动机。随着航空技术的发展，火箭发动机、冲压发动机、原子能航空发动机、脉冲爆震发动机等，也有可能会逐渐被采用。

美国波音 767 民航客机结构图

Chapter 02

民航客机

民航客机是指体形较大、载客量较多的集体飞行运输工具，用于来往国内及国际商业航班。民航客机一般由航空公司运营，主要分为干线客机、支线客机。

美国波音 247 民航客机

波音 247 民航客机是由美国波音公司研制的全金属结构客机，在美国民航运输史上占有重要地位。

基本参数	
长度	15.7 米
高度	3.8 米
翼展	22.6 米
重量	4055 千克
最高速度	320 千米 / 时
相关简介	

研发历史

从 1929 年到 1933 年，全世界建立了 100 多条客运航线，但这些航线的平均寿命只有 1 年左右。原因是没有适用的飞机。当时，飞机载客量都很小，运输成本高，单纯经营客运的公司都亏损严重。同时，各航空公司的飞机仍以木质飞机为主，价格虽然便宜，但安全性能很差，空难时有发生。此时，新型全金属客机的问世成为航空客运发展的关键。飞机技术必须向大载客量、高速度和更舒适的方向发展。1930 年，波音公司开始了全金属客机的研制，这就是航空史上著名的波音 247 客机。该机于 1933 年 2 月 8 日首飞，同年 5 月投入运营。

实战性能

波音 247 是世界上第一架具有全金属（阳极氧化铝）结构和流线型外形，起落架可以收放，采用下单翼结构的飞机。其他先进技术包括控制面的调整片、自动导航系统、机翼及横尾翼上的除冰器。波音 247 的巡航速度为 304 千米 / 时，航程 1200 千米，载客 10 人，并可装载 181 千克的邮件。机上座位舒适，设有洗手间，还有 1 名空中小姐。

趣味小知识

与以往的客机相比，波音 247 的乘坐条件大大改善，速度较一般客机也有很大提高，所以很受各航空公司的欢迎，成为美国民航运输史上的功臣。

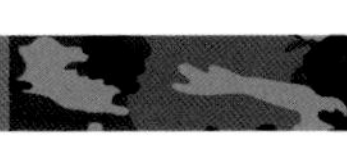

美国波音 707 民航客机

波音 707 客机是世界上第一架在商业上取得成功的喷气式民航客机，凭借该机的成功，美国波音公司执掌民航客机生产牛耳接近半个世纪。

客舱特写

驾驶舱特写

基本参数	
长度	46.61 米
高度	12.93 米
翼展	44.42 米
重量	66 406 千克
最高速度	972 千米 / 时
相关简介	

研发历史

波音 707 的原型机编号为 367-80，1954 年 7 月 15 日首次试飞。不久，波音公司在原型机的基础上为美国空军研制出 KC-135 空中加油机，并大量生产。经美国空军同意，1957 年在 KC-135 的基础上发展成民用客机波音 707，同年 12 月首次试飞，1958 年开始交付使用。波音 707 的操作成本比当时的活塞发动机飞机低数倍，这是它取得成功的最主要原因。波音 707 最后一架民用型于 1978 年交付使用。2013 年，伊朗萨哈航空使用的波音 707 被停飞，标志着该机彻底退出民航市场。

实战性能

波音 707 是能够横越大西洋的大型客机，今天所有民航客机都有的后掠翼、下挂发动机都最先在此机上出现。波音 707 的乘客量约为 219 人（经济、商务两级）或 258 人（一级），主要市场是长途主干线。以往飞机制造商会每排座位都配置 1 个窗口，但波音 707 则是确保每个机身骨架都有 1 个窗口，窗口虽然变小了，但乘客可享有多于 1 个窗口。此外，波音 707 的行李架是可关闭的，比开放式行李架有更多储存空间。

趣味小知识

波音 707 系列共有四种发动机型号配置，分别为普惠 JT3、普惠 JT3D、普惠 JT4 和劳斯莱斯“康威”，此外测试型号还装有 CFM56 发动机。这四款发动机外观上极为相似，因此难以分辨其型号。

美国波音 717 民航客机

波音 717 客机是波音公司最小型的双发喷气式民航客机，专门针对短程航空客运市场而设计。

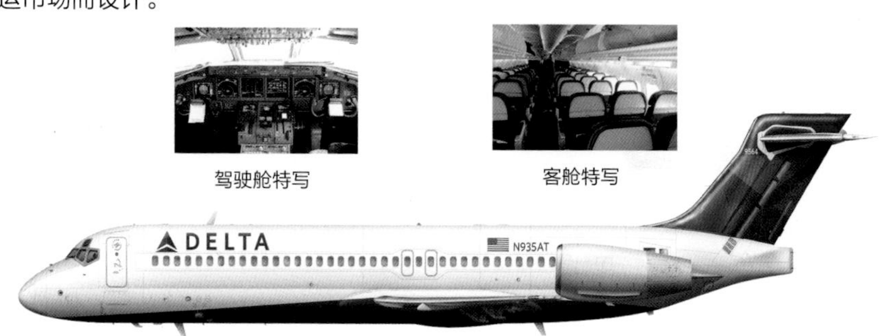

驾驶舱特写

客舱特写

研发历史

波音 717 的前身是美国麦克唐纳·道格拉斯公司研发的 MD-95 客机。1997 年，麦克唐纳·道格拉斯公司被波音公司并购后，波音公司继续 MD-95 计划，并在 1998 年将其改名为波音 717。1999 年 9 月，波音 717 正式投入运营服务。2006 年，最后一架波音 717 客机出厂，总生产数量为 156 架。

基本参数	
长度	37.8 米
高度	9 米
翼展	28.47 米
重量	31 674 千克
最高速度	917 千米 / 时
相关简介	

实战性能

波音 717 主要用于短程高频率的航线，具有许多支线飞机的特性，其结构简单、重量轻，不需要长跑道和大型空港设备，它自带客梯和货物装卸系统（选装设备），不需要地面支援设备，加油时也不用升降机和梯子。波音 717 客舱采用每排 5 个座位的布局，二级客舱布局时可载客 106 名。公务舱与经济舱之间的隔板可以移动，使航空公司能很快地对客舱座位进行调整。波音 717 具有大尺寸的头顶行李箱，座位宽敞，腿部空间比较大。

趣味小知识

波音 717 配备 2 台劳斯莱斯 BR715 发动机，这是一种高燃油效率、高涵道比的涡轮风扇喷气式发动机。

美国波音 727 民航客机

波音 727 客机是由波音公司研制的三发中短程民航客机，投产期间是美国国内航空的主力机种，以及中短程国际航线机种。

基本参数	
长度	46.7 米
高度	10.3 米
翼展	32.9 米
重量	45 360 千克
最高速度	953 千米 / 时
相关简介	

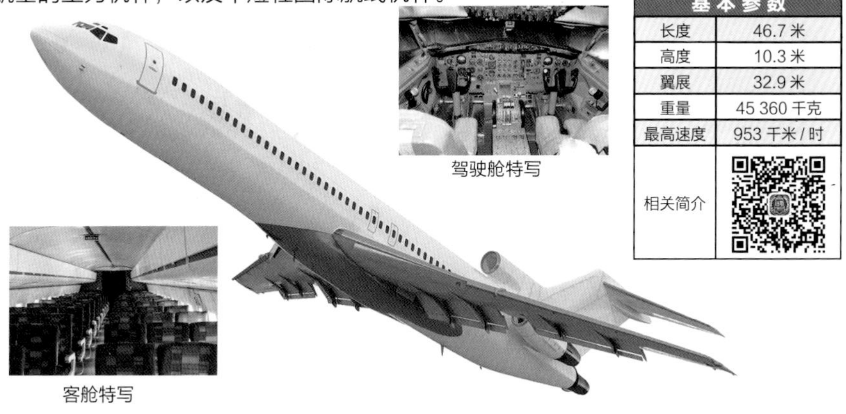

驾驶舱特写

客舱特写

研发历史

波音公司于 1956 年 2 月开始进行方案论证，1959 年 6 月开始设计工作。1964 年 2 月，首架波音 727 交付使用。1971 年，波音 727 的销量超过了波音 707。1974 年，第 1000 架波音 727 交付，成为历史上第一种销量突破 1000 架的喷气式民航客机。1984 年，最后一架波音 727 出厂。2019 年 1 月 14 日，随着伊朗阿塞曼航空的最后一架波音 727-200ADV 退役，波音 727 自此正式退出客运市场。

实战性能

波音 727 的机身基本沿用波音 707 的机身设计，但机身下半部比波音 707 深 3 米。此举除了降低开发成本，还使两种机型有零件共通性，而且拥有比当时其他同级飞机更宽阔的机舱空间。波音 727 客舱每排可设 6 个座位，潜在利润比每排 5 个座位的对手高出 12%。波音 727 采用三开缝后缘襟翼，内侧前缘克鲁格襟翼，外侧前缘缝翼，飞机性能得到极大提升。在机尾后方设有一条下放式登机梯，使飞机在下乘客时可以不用外接登机桥或楼梯车。

趣味小知识

波音 727 装有 3 台普惠 JT8D 涡轮风扇发动机，还设有辅助动力系统，不用外接机场地勤的发电机即可自动为飞机提供所需的电源、液压及空调。

美国波音 737 民航客机

波音 737 客机是由波音公司生产的双发中短程喷气式民航客机，堪称民航历史上最成功的窄体民航客机系列。

驾驶舱特写

客舱特写

研发历史

基本参数	
长度	42.1 米
高度	4.01 米
翼展	35.7 米
重量	44 676 千克
最高速度	876 千米 / 时
相关简介	

波音 737 计划在 1964 年展开，1967 年 4 月原型机首次试飞。第一个型号 737-100 于 1968 年 2 月投入服务。20 世纪 80 年代，波音公司着手研发第二代 737。20 世纪 90 年代，波音公司又开始陆续第三代 737 的研制工作。截至 2019 年 1 月，波音 737 已生产超过 10000 架，并仍有大量订单等待交付。

实战性能

波音 737 采用了常规布局，机身采用铝合金半硬壳式结构，在最初设计上尽量多地采用波音 727 的部件和装配件，以降低其生产成本和销售价格。与过去的波音飞机不同，波音 737 在机身蒙皮内胶接有格形加强板，每排连接件处的蒙皮为双层，以改进机身的疲劳特性。设计之初，波音 737 就已确立只需正副驾驶两人的驾驶舱操作方式。由于飞机航程较短，巡航速度和高度较小，因此采用大翼载和较小后掠角。起落架采用液压可收放前三点式，应急时可靠重力自行放下。

趣味小知识

波音 737 拥有两套独立的液压系统，为飞行操纵系统、襟翼、缝翼、起落架、前轮转变和机轮刹车提供了动力。2 台发动机各带动 1 台交流发电机。

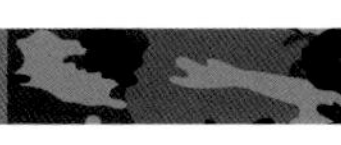

美国波音 747 民航客机

波音 747 客机是由波音公司在美国空军的主导下推出的大型商用宽体客 / 货运输机，也是世界上第一款宽体民用飞机。

驾驶舱特写

客舱特写

基本参数	
长度	76.4 米
高度	19.4 米
翼展	68.5 米
重量	185 972 千克
最高速度	988 千米 / 时
相关简介	

研发历史

20 世纪 60 年代初，美国空军提出战略运输机计划。在竞标中，波音公司输给了洛克希德公司（C-5“银河”）。之后，泛美航空公司希望波音能提供一种比波音 707 大两倍的客机。于是，波音将原来的军用运输机设计加以修改，体积庞大的波音 747 由此而生。自 1970 年投入服务后，到空中客车 A380 投入服务之前，波音 747 保持全世界载客量最高飞机的纪录长达 37 年。

实战性能

波音 747 是一种双层、宽体、双通道、四发的飞机，采用普通半硬壳式结构，由铝合金蒙皮、纵向加强件和圆形隔框组成。破损安全结构采用铆接、螺接和胶接工艺。波音 747 采用两层客舱的布局方案，驾驶室置于上层前方，之后是较短的上层客舱。驾驶舱带 2 个观察员座椅。公务舱在上层客舱，头等舱在主客舱前部，中部可设公务舱，经济舱在后部。三级座舱设计（即经济舱、商务舱和头等舱）的载客量达到 416 人，而双级舱设计的载客量则高达 524 人。

美国波音 757 民航客机

波音 757 客机是由波音公司研发的中型单通道窄体民航客机，用于替换波音 727，并在客源较少的航线上作为波音 767 的补充。

客舱特写

驾驶舱特写

研发历史

基本参数	
长度	47.32 米
高度	13.56 米
翼展	38.05 米
重量	59350 千克
最高速度	870 千米 / 时
相关简介	

20 世纪 70 年代石油价格猛涨，航空公司迫切需要低油耗的新型民航客机。为此，波音公司决定研制 200 座级的波音 757，以取代波音 727 和部分波音 707。波音 757 计划于 1979 年 3 月正式启动，1983 年投入服务。截至 2019 年，大部分波音 757 仍在使用。

实战性能

波音 757 驾驶舱采用技术领先的数字式电子设备和先进的显示装置，比起老式的机械电子式仪表来，提高了可靠性。该机拥有窄体客机中最大的航程，在满载 200 名乘客的情况下可飞行超过 7200 千米，其载客量比波音 727 多 50 人，更符合经济效益。波音 757 的性能非常优异，因其较快的爬升速度而不时被称为“火箭飞机”，在最大起飞重量的情况下，波音 757 能比其他商业客机更快爬升至 13700 米。不过，波音 757 必须要有 75% 或以上的载客率，才可以使航班有盈利，令其只能使用于高密度航线。

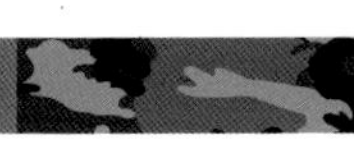

美国波音 767 民航客机

波音 767 客机是由波音公司研发的双发中型宽体喷气式民航客机，用来与空中客车 A310 竞争。

驾驶舱特写

客舱特写

研发历史

1978 年 2 月，波音公司宣布发起波音 767 研制计划。1979 年年初，开始全面设计研制工作。1982 年，第一架波音 767 由联合航空投入使用，初期主要进行美国国内航线飞行。1985 年，波音 767 成为第一架获得跨洋飞行许可的双发客机，此后多用于进行不间断的中长途洲际航线。在 20 世纪 90 年代，波音 767 成为最常见的跨大西洋航线客机。

基本参数	
长度	61.4 米
高度	5.41 米
翼展	51.82 米
重量	103 872 千克
最高速度	913 千米 / 时
相关简介	

实战性能

波音 767 是波音第一架带有玻璃荧幕座舱的宽体双发客机，也是首次采用两人驾驶制的宽体飞机。波音 767 与窄体客机波音 757 同一时期开发，两者有很多相似之处。由于波音 767 的机体内部直径只有 4.7 米，是宽体客机中最窄的，因此舒适度不如空中客车 A330。波音 767 的机舱采用双过道设计，公务舱安排 6 个座位，经济舱 7 个座位。经济舱标准的“2+3+2”座位布局中 87% 的座位都紧邻舷窗或过道，所有座位和过道之间都不超过 1 个座椅。波音 767 机舱最多可以容纳 8 列座椅，但会导致机舱变得异常狭窄，因而极少采用。波音 767 的货舱容积较小，只能容纳窄体客机惯用的 LD2 集装箱。

美国波音 777 民航客机

波音 777 客机是由波音公司研发的双发中远程宽体客机，目前是全球最大的双发宽体客机。

驾驶舱特写

客舱特写

基本参数	
长度	73.9 米
高度	18.5 米
翼展	60.9 米
重量	160 120 千克
最高速度	945 千米 / 时
相关简介	

研发历史

波音公司投入了大量资源以开发波音 777，为继 747 之后波音历史上第二次的豪赌。该机于 1990 年 10 月正式开始研制，1994 年 6 月 12 日第 1 架波音 777 首次试飞，成为民用航空历史上最大的双发喷气式飞机。1995 年 5 月 17 日，首架波音 777 交付使用。2012 年 3 月，第 1 000 架波音 777 交付阿联酋航空运营。

实战性能

波音 777 采用了全数字式电传飞行控制系统、软件控制的飞行电子控制器、液晶显示飞行仪表板、光纤飞行电子网络等多项新技术，并且是波音飞机中第一个把增强型近地告警系统作为标准设备而不是选装设备的机型。该机采用了三种效率更高、噪声更小的涡轮风扇发动机，包括普惠 PW4000、通用电气 GE90 以及劳斯莱斯 Trent 800。波音 777 采用双过道客舱，每排 6 ~ 10 座。部分波音 777 在机舱上部设置了机舱服务员休息区，飞行员也有独立的休息区，其载客量能够达到 368 人。

美国波音 787 民航客机

波音 787 客机是由波音公司研发的双发中远程宽体客机，又被称为“梦想客机”（Dreamliner）。

驾驶舱特写

客舱特写

基本参数	
长度	63 米
高度	16.92 米
翼展	60 米
重量	115 000 千克
最高速度	945 千米 / 时
相关简介	

研发历史

波音 787 项目在 2004 年 4 月正式启动，经多次延期后于 2009 年 12 月 15 日成功试飞。2011 年 9 月 27 日，波音 787 开始交付使用。2013 年 1 月 16 日，由于连续出现安全故障，波音 787 暂时停飞。在波音修改电池设计之后，于 2013 年 4 月 25 日恢复飞行。

实战性能

波音 787 是航空史上首架超长程中型客机，打破以往一般大型客机与长程客机挂钩的定律。波音 787 拥有多项技术创新，其中最引人注目的是波音 787 机体结构的一半左右都用更轻、更坚固的碳纤维合成材料代替铝合金，是第一款以碳纤维合成物为主体材料的民用喷气式客机。波音 787 系列属于 200 座至 300 座级客机，航程随型号不同可覆盖 6 500 千米至 16 000 千米。技术和设计上的突破，使中型尺寸的波音 787 具有在同座级的飞机中，无与伦比的航程能力与英里成本经济性。波音 787 能够以 0.85 倍音速飞行，这也使其点对点远程不经停直飞能力得以更好的体现，从而能在 450 多个新城市对之间执行点到点直飞任务。

美国 DC-3 民航客机

DC-3 客机是由美国道格拉斯公司研制的一种固定翼螺旋桨驱动的民航客机，它的飞行速度和距离改变了 20 世纪 30 年代和 40 年代的航空运输业。

驾驶舱特写

客舱特写

研发历史

DC-3 于 1935 年 12 月 17 日首飞，1936 年 8 月 8 日正式投入运营。该机在当时以其可靠性和舒适性迅速获得成功，使道格拉斯公司占领了美国客机市场的 80% 以上。二战爆发后，DC-3 被盟军征召为军机作战。战后，军用版大多退役并廉价进入民航市场，以其可靠性和优越的操作性能几乎成为全球所有航空公司的主要机型。

基本参数	
长度	19.65 米
高度	5.17 米
翼展	28.96 米
重量	7 650 千克
最高速度	370 千米 / 时
相关简介	

实战性能

与同时期其他客机相比，DC-3 的载客量增加一倍左右，运行成本大为降低，一举扭转了航空公司经营客运亏损的局面，民用航空客运业务从此不需补贴就可独立发展。DC-3 装有两台普惠 R1830“双黄蜂”星形活塞式发动机，只需在中途一次加油便能横越美国东西岸，再加上设置首次于飞机上出现的空中厨房，及能在机舱设置床位，为商业飞行带来了革命性的突破。

趣味小知识

在 DC-3 出现之前，所有航班都不提供热餐服务，乘客及机组如需用餐，只能在中途站所在的酒店享用，一旦途经一些落后地区（如非洲）没有酒店就相当不便。

美国 DC-4 民航客机

DC-4 民航客机是由美国道格拉斯公司研制的四发螺旋桨客机，其军用型 C-54 运输机在二战期间广泛地使用。

基本参数	
长度	35.81 米
高度	8.38 米
翼展	28.6 米
重量	19 641 千克
最高速度	451 千米 / 时
相关简介	

研发历史

DC-4 最初是道格拉斯公司根据美国联合航空公司的要求而研制的四发远程客机。原型机被命名为 DC-4E，于 1939 年首飞，能从芝加哥直飞旧金山。但由于该机采用诸多先进技术，且造价昂贵，受到航空公司的批评，所以道格拉斯公司在 DC-4E 的基础上进行了重新设计，新设计的 DC-4 飞机尺寸略小，结构简单许多。由于 DC-4 在研制之时，二战已经爆发，所以道格拉斯公司的工厂被纳入军队统一供货体系，第一架 DC-4 原型机于 1942 年 2 月首飞。美军发现该机非常适合执行远程运输任务，立即向道格拉斯公司下了订单。在整个战争期间，一共生产了 1162 架 DC-4 的军用型—C-54“空中霸王”运输机。二战后，大量 DC-4 被转卖给民航公司使用，道格拉斯公司的 DC-4 生产线只接到 78 架新机订单。

实战性能

DC-4 是 DC-3 的后继机型，比 DC-3 更大、更先进，配备 4 台普惠 R-2000-2SD13-G 活塞发动机，单台功率 1080 千瓦，可进行洲际飞行。DC-4 的机身较粗长，后机身左侧开有大舱门。机翼为悬臂式下单翼，两侧机翼前缘对称配置 4 台发动机。尾翼由悬臂式的中平尾和单垂尾组成。

趣味小知识

美国总统富兰克林•罗斯福在任时的专机 DC-4 被称作“圣牛号”，它的后备飞机则叫作“格斯威尔二号”。

美国 DC-6 民航客机

DC-6 客机是由道格拉斯公司研发的四发商用客机 / 运输机，主要在中远程航线上对抗洛克希德公司的 L-749 “星座”客机。

基本参数	
长度	32.18 米
高度	8.66 米
翼展	35.81 米
重量	25 110 千克
最高速度	507 千米 / 时
相关简介	

研发历史

DC-6 的前身为二战后期发展的 XC-112 军用运输机，因战争结束而终止开发。于是道格拉斯公司将其改装成民航客机，并且于 1947 年 3 月交付了第一架正式生产型。在进入喷气时代后，DC-6 及其后继型 DC-7 在客运一线的地位被波音 707 和道格拉斯 DC-8 所取代。但时至今日，仍有一部分 DC-6 执行着货运、军事和森林火灾控制的任务。

实战性能

道格拉斯公司一共生产了 4 种型号的 DC-6 飞机：DC-6，基本型；DC-6A，机身更长，航程更长，有个大型前向货舱门并加强了货舱地板；DC-6B，客运型，取消了货舱门，机舱地板也比较轻；DC-6C，由 DC-6A 发展而来的客货混装型，装有可拆卸座椅。DC-6 机内装有空气调节系统，可搭载乘客 54 人，或兵员 76 人（或担架 60 副），是性能优越的中程运输机。

趣味小知识

最有名的 DC-6 是美国总统哈里 • 杜鲁门的专机，被保存在位于俄亥俄州代顿怀特 • 帕特森空军基地内的美国国家空军博物馆。该机于 1965 年退役后被博物馆收藏。在 1977-1978 年，博物馆工作人员恢复了原来的总统涂装和类似于老鹰的配色。

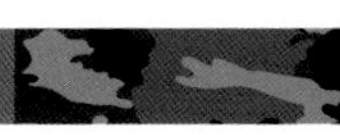

美国 DC-7 民航客机

DC-7 客机是由道格拉斯公司于 20 世纪 50 年代研制的客运和货运飞机，也是道格拉斯公司最后的螺旋桨活塞发动机飞机。

驾驶舱特写

螺旋桨特写

研发历史

20 世纪 50 年代，美国航空公司要求道格拉斯公司研发一种能在 8 小时内飞越美国东海岸到西海岸的客机。起初道格拉斯公司不愿接受，直到美国航空公司总裁克里斯·史密斯以 4000 万美元的价格订购 25 架飞机，从而远超了道格拉斯公司的研发成本。1953 年 5 月 18 日，改进后的 DC-6 客机首次试飞，并重新命名为 DC-7。

基本参数	
长度	37 米
高度	10.5 米
翼展	42 米
重量	33 005 千克
最高速度	653 千米 / 时
相关简介	

实战性能

DC-7 装有 4 台莱特 R-3350-18EA1 发动机，单台功率为 2536 千瓦。与 DC-6 相比，DC-7 的载客量变化不大，但航程几乎增加了一倍之多，巡航速度和实用升限也有所增加。凭借优异的性能，DC-7 问世之后成功占据了同级别客机市场的主导地位。

趣味小知识

1956 年 6 月 30 日，联合航空 718 号航班（道格拉斯 DC-7）和环球航空 2 号航班（洛克希德 L-1049“超级星座”）在亚利桑那州大峡谷上空相撞，合计造成 128 人遇难。这起惨痛的空难也彻底改变了之后的航管制规定，并直接促使美国成立联邦航空总署。

美国 DC-8 民航客机

DC-8 客机是由道格拉斯公司研制的四发喷气式客机，也是民航历史上第一代喷气式客机。

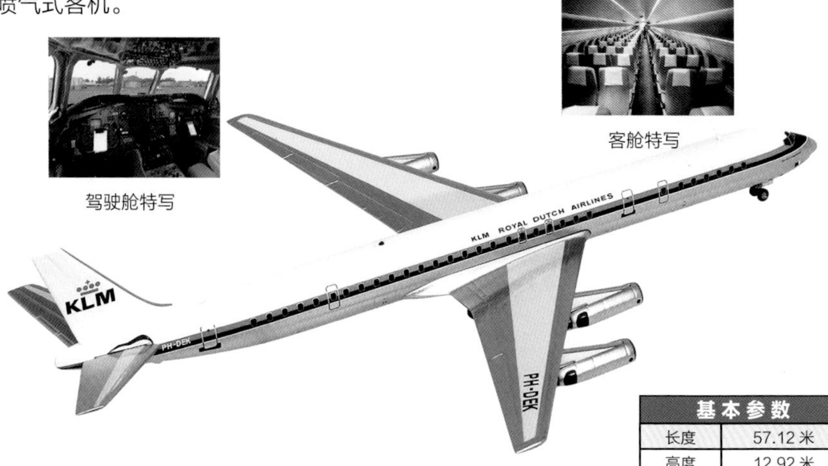

驾驶舱特写

客舱特写

基本参数	
长度	57.12 米
高度	12.92 米
翼展	45.23 米
重量	70 000 千克
最高速度	965 千米 / 时
相关简介	

研发历史

DC-8 于 1955 年 6 月开始设计，1958 年 5 月 30 日首飞，1959 年 9 月交付投入使用。早期型 DC-8 生产了 5 种不同的型号，各型号几何尺寸、气动特点和主要系统基本相同，主要区别是选用不同的发动机。20 世纪 50 年代，DC-8 是波音 707 的最大竞争对手。20 世纪 60 年代中期，道格拉斯公司陆续发展了几种改变机体结构的 DC-8-60 系列。之后，又推出了 DC-8-60 系列的更换发动机改进型 DC-8-70 系列。1972 年，DC-8 停产，被更大的 DC-10 所取代。

实战性能

DC-8-10 国内航线型，安装 4 台 JT3C-6 涡轮喷气式发动机，单台推力 60 千牛；DC-8-20 国内航线型，安装 4 台 JT4A-3 涡轮喷气式发动机，单台推力 70.28 千牛；DC-8-30 洲际型，安装 4 台 JT4A-9 涡轮喷气式发动机，单台推力 77.9 千牛；DC-8-40 采用 4 台劳斯莱斯康威型涡轮扇发动机，单台推力 77.9 千牛；DC-8-50 安装 4 台 JT3D-1 涡轮风扇发动机，单台推力 75.69 千牛；DC-8-60 系列安装 4 台 JT3D 涡轮风扇发动机，单台推力 84.5 千牛；DC-8-70 系列安装 4 台 CFM56 或 JT3D 涡扇发动机，单台推力 100 千牛。

美国 DC-9 民航客机

DC-9 客机是由道格拉斯公司研发的双发中短程窄体民航客机，以波音公司的波音 727 为市场竞争对手。

客舱特写

驾驶舱特写

研发历史

基本参数	
长度	40.72 米
高度	8.38 米
翼展	28.47 米
重量	28 068 千克
最高速度	898 千米 / 时
相关简介	

20 世纪 60 年代，民航机市场需要一种低噪声中型客机来满足适于在小型机场和中短程航线的需求。有鉴于此，道格拉斯公司于 1962 年开始了 DC-9 的研发工作。1965 年 2 月 25 日，DC-9 首次试飞，1965 年 12 月 8 日交付使用。

实战性能

DC-9 外形最大的特点就是机身尾部两侧各装一台涡轮风扇发动机以及呈 T 形垂直尾翼和水平尾翼。DC-9-10 是基本型，无前缘缝翼。DC-9-20 是 DC-9-10 的改进型，翼展加大 1.2 米，同时加大了发动机推力和燃油量。DC-9-30 产量最大的型号，增长了机身和翼展，增设前缘缝翼，选用推力更大的 JT8D-15 发动机。DC-9-40 是 DC-9-30 的加长型，机身加长 1.93 米。DC-9-50 进一步加大，并选用推力更大的 JT8D-17 发动机。

趣味小知识

除了民用型，DC-9 还有 C-9B（美国海军后勤支援型，用于运输军用物资）和 C-9C（美国空军空中特殊任务型）等军用型号。

美国 DC-10 民航客机

DC-10 客机是由麦克唐纳公司与道格拉斯公司合并后生产的第一款民航客机，目前仍有一部分改装成货机使用。

客舱特写

驾驶舱特写

研发历史

基本参数	
长度	55.5 米
高度	6.02 米
翼展	50.4 米
重量	122 567 千克
最高速度	1 004 千米 / 时
相关简介	

1966 年，美国几家主要航空公司提出 20 世纪 70 年代需要一种经济性好、对机场配套设施的需要符合当时普遍水平，载客量 300 人左右的大型客机。道格拉斯为了满足这一要求，开始方案的研究。1967 年，道格拉斯与麦克唐纳合并为麦克唐纳 • 道格拉斯公司，DC-10 项目照常进行。1970 年 8 月 29 日首次试飞，1971 年 8 月 5 日投入运营。

实战性能

DC-10 采用铝合金半硬壳式破损安全结构，圆形截面机身。机翼为悬臂式全金属下单翼。该机采用 3 人驾驶舱，即正、副驾驶员和飞行工程师，还有两个观察员座椅。客舱混合级布局载客 255 ~ 270 人，经济级布局载客 380 人。DC-10 装有 3 台涡轮风扇发动机，各驱动一套相互独立的液压系统。除装有一般仪表、导航和通信设备外，DC-10 还有中央大气数据计算机和气象雷达，自动着陆系统和一套复式自动着陆防护系统。

美国 MD-11 民航客机

MD-11 客机是由麦克唐纳·道格拉斯公司研发的三发宽体客机，由 DC-10 客机发展而来。

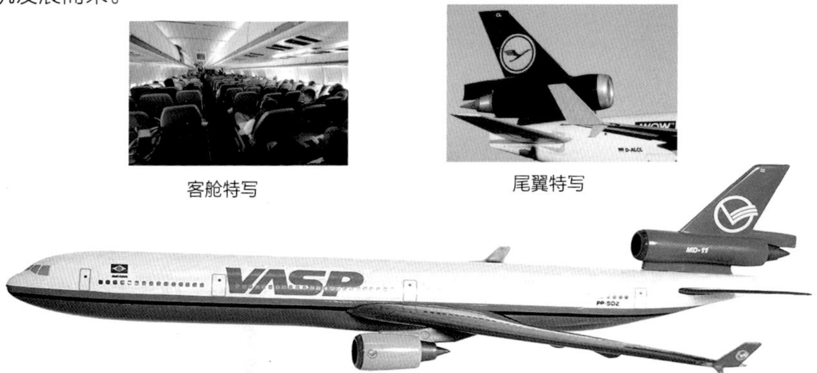

客舱特写

尾翼特写

研发历史

基本参数	
长度	61.24 米
高度	17.6 米
翼展	51.77 米
重量	273000 千克
最高速度	945 千米 / 时
相关简介	

MD-11 计划于 1986 年 12 月 30 日首度亮相，1990 年 1 月 10 日以一架 MD-11F 货机作首度试飞。首架 MD-11 客机于 1990 年 12 月 7 日交付予芬兰航空。在麦道公司于 1997 年被波音公司收购后，MD-11 客机也在不久后停产。不过，波音仍然以加州长滩厂房生产 MD-11 货机。目前，不少 MD-11 被用在货运服务上，而退役的 MD-11 客机也被悉数改装为货机。

实战性能

MD-11 的设计源自 DC-10 客机，但其机身、翼展则比 DC-10 长，机翼的两端也加装了小翼，而翼切面的设计也得以改良。MD-11 提供了新发动机供买家选择，在物料上使用了更多的复合材料，驾驶舱的设备也全面数字化。该机一共出产了 4 个版本，即客机、全货机、可改装货机、客货两用机。其中，客货两用机的上层分为客舱及货舱，而下层则为全货舱。MD-11 可载 285 人至 410 人，视乎其编排而定。

趣味小知识

2014 年 10 月 26 日，荷兰皇家航空最后一个由 MD-11 执飞的定期商业航班 KL672 降落史基浦机场，MD-11 正式结束民航客运服务生涯。

美国 MD-80 民航客机

MD-80 客机是由麦克唐纳·道格拉斯公司在 DC-9-50 客机基础上发展起来的双发中短程客机。

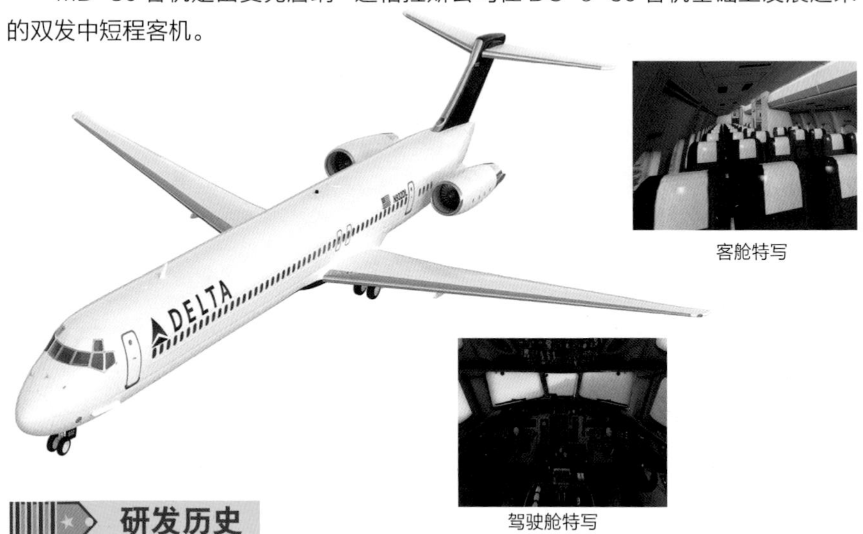

客舱特写

驾驶舱特写

研发历史

MD-80 是麦克唐纳·道格拉斯公司为了满足航空公司对更大载客量的中短程客机需要而研制的。该机于 1977 年 10 月开始研发，1979 年 10 月 18 日首次试飞，1980 年 10 月 10 日由瑞士航空率先投入运营。该机最初认证为 DC-9 系列，但在 1983 年 7 月改为 MD-80。2012 年 9 月，MD-80 的货机版本出现，由退出运营的 MD-80 客机改装而来。目前，美国航空和达美航空仍然大量使用 MD-80 系列。

基本参数	
长度	45.01 米
高度	9.05 米
翼展	32.8 米
重量	35 400 千克
最高速度	811 千米 / 时
相关简介	

实战性能

MD-80 的每个机翼在翼根和翼尖处各加长一段，其翼展比 DC-9-50 大 28%，机翼前机身加长 3.68 米，机翼后机身加长 0.48 米。由于机翼加长，机翼内整体油箱燃油量增加。襟翼无级调节系统可以使襟翼控制在更精确的位置上，以保证飞机有更好的起飞着陆性能。MD-80 系列的主要型号包括 MD-81、MD-82、MD-83、MD-87 和 MD-88，除较短的 MD-87 外，其余型号的长度都相同。MD-80 在驾驶舱、航空电子以及空气动力学方面都做出了改进，航程也在早期 DC-9 的基础上有所加长。

美国 MD-90 民航客机

MD-90 客机是由麦克唐纳·道格拉斯公司在 MD-80 的基础上研发的双发中短程客机，因麦克唐纳·道格拉斯公司被波音公司兼并而停产。

研发历史

MD-90 于 1989 年 11 月 14 日开始研制，第一架原型机 1993 年 2 月 22 日首次试飞，1994 年 11 月 16 日获美国联邦航空局的适航证，1995 年 2 月 24 日交付用户使用。1997 年，波音公司兼并麦克唐纳·道格拉斯公司，MD-90 与波音产品冲突，于 2000 年停产。

基本参数	
长度	46.5 米
高度	9.4 米
翼展	32.87 米
重量	76 204 千克
最高速度	933 千米 / 时
相关简介	

实战性能

MD-90 采用了许多高成本效益技术的设计。在技术和经济上都具有竞争性，它具有先进的驾驶舱，舱内包括电子飞行仪表系统、飞行管理系统、先进的惯性基准和发动机，以及系统监控用的发光二极管点钜阵显示器。MD-90 的其他特点包括一个新的先进的客舱设计、真空厕所、变速 / 恒频电源系统、新的辅助动力装置、改进的数字式环控系统、重量较轻并带有数字式防滑系统的碳刹车装置。此外，对飞机液压系统也作了重大改进。

趣味小知识

麦道公司原计划在 MD-90 上装超高涵道比桨扇发动机，后因世界石油市场油价一直趋于稳定，致使桨扇发动机的节油效果不太能显示出经济上的优越性，最终选用国际航空发动机公司的 V2500-D1 涡扇发动机。

美国 L-1011“三星”民航客机

L-1011“三星”客机是由美国洛克希德公司研发的三发中长程宽体客机。

驾驶舱特写

客舱特写

基本参数	
长度	54.15 米
高度	16.87 米
翼展	47.34 米
重量	105 052 千克
最高速度	871 千米 / 时
相关简介	

研发历史

L-1011“三星”是继波音 747 和麦道 DC-10 后，第三款投入商业运营的宽体喷气式客机，也是洛克希德公司唯一一款喷气式民航客机。该机于 1970 年 11 月 17 日首飞，1972 年 4 月 26 日交付使用。在 1968 年到 1984 年间，洛克希德公司生产了 250 架“三星”客机，之后就因销售不畅未能收回成本，宣告停止了自身的商用飞机业务。

实战性能

L-1011 在组装机身时采用了一套特殊的高压焊接工艺，给予了机体非常强的抗腐蚀能力。该机拥有高度自动化的自动驾驶系统，并且是第一种具有美国联邦航空局自动着陆资质认可的宽体式客机，这使得 L-1011 可以由机载自动驾驶系统进行零能见度下的完全自动化降落。L-1011 使用一套惯性导航系统来获得相关的导航资料，且可以通过输入所在地的经度和纬度对系统进行校准。为增加客舱空间，L-1011 的厨房安装在机身中间的行李舱位置，有效提升机舱使用空间，并令厨房的空间比其他同类型飞机大。

趣味小知识

L-1011 采用 3 台劳斯莱斯 RB211-22 发动机，早期型号的发动机舱的进气口呈圆形，而后期型在发动机进气口和机身顶部之间添加了一个垂直的鳍形结构。

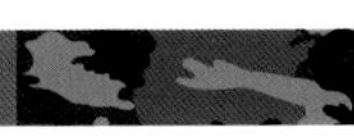

美国比奇 1900 民航客机

比奇 1900 客机是由雷神公司下属的比奇飞机公司（现豪客比奇公司）研发生产的小型支线运输机。

客舱特写　驾驶舱特写

研发历史

基本参数	
长度	17.63 米
高度	4.72 米
翼展	17.67 米
重量	4 831 千克
最高速度	518 千米 / 时
相关简介	

比奇 1900 于 1979 年开始设计，至 1981 年该公司共制造 3 架试飞原型机，一架静力试验机体和一架疲劳试验机体。其中性能试验原型机（UA-1）于 1982 年 9 月 3 日首次飞行，系统试验原型机（UA-2）于 1982 年 11 月 30 日首次飞行，第三架原型机（UA-3）用于功能和可靠性试验、设备的合格试验以及表演飞行。1983 年 11 月 22 日，获得美国联邦航空局型号合格证。2002 年 10 月，比奇 1900 停产。

实战性能

比奇 1900 是目前世界上广泛使用的“空中国王”公务机的衍生型，机上有 40% 的零部件和“空中国王”通用。机身为铝合金半硬壳式破损安全增压结构，机翼采用悬臂式下单翼，悬臂式 T 形尾翼由后掠式垂尾和平尾组成，平尾两侧下翼面靠近翼尖有小型端板，后机身两侧有固定式辅助水平安定面，升降舵和方向舵均有调整片，平尾和辅助水平安定面前缘装气囊式除冰装置。

趣味小知识

美国空中国民警卫队也装备了比奇 1900，被重新命名为 C-12J。

俄罗斯伊尔 -18 民航客机

伊尔 -18 客机是由苏联伊留申设计局（现联合航空制造公司）研发的四发涡轮螺桨短程客机。

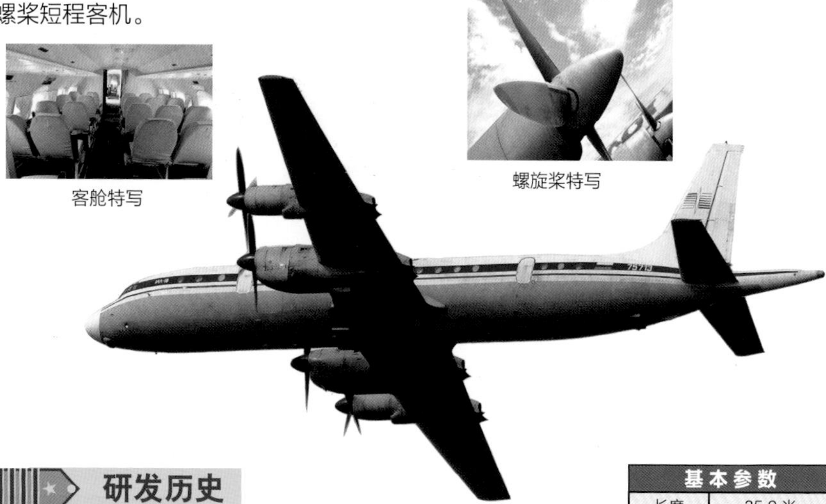

客舱特写

螺旋桨特写

研发历史

1957 年 7 月，伊尔 -18 的原型机首次试飞，1959 年 4 月投入航线使用，到 1969 年已在苏联国内 800 条航线上使用。中国从 1959 年开始引进了一批伊尔 -18 客运型，曾是多位重要领导人的专机。

基本参数	
长度	35.9 米
高度	10.16 米
翼展	37.4 米
重量	35 000 千克
最高速度	625 千米 / 时
相关简介	

实战性能

伊尔 -18 客机与同时代的安 -10 客机尺寸相似，但较注重装饰方面的设计。伊尔 -18 客机的主要型别有：伊尔 -18，基本型，载客 84 人。伊尔 -18B，标准型，载客 110 人。伊尔 -18D，改进型，65 个座位，为一级客舱标准。当伊尔 -18 客机投入使用时，英、美等国还没有同等的飞机可与之相比。虽然英国的“子爵”涡桨运输机出现较早，但它的载重量只有伊尔 -18 客机的一半。

趣味小知识

伊尔 -18 还被用作军机和 VIP 运输机。许多伊尔 -18 从客运航线退役后，被改装成货机，机身后部安装大型货舱门。

俄罗斯伊尔 -62 民航客机

伊尔 -62 客机是由苏联伊留申设计局研制的四发远程喷气式客机，北约代号称为“文豪”(Classic)。

驾驶舱特写　　客舱特写

研发历史

基本参数	
长度	53.12 米
高度	12.35 米
翼展	43.2 米
重量	71600 千克
最高速度	900 千米 / 时
相关简介	

伊尔 -62 于 1960 年宣布其计划，1963 年 1 月作首次飞行。1967 年 9 月 15 日，伊尔 -62 首次飞莫斯科至蒙特利尔航线，1968 年 7 月开始飞莫斯科至纽约航线，后来代替图 -114 从莫斯科飞伦敦、巴黎、东京等航线，成为苏联民航主要国际航线客机。

实战性能

伊尔 -62 机身采用全金属半硬壳式结构，截面呈圆形。隔框为硬铝冲压件，在高受载区域采用整体应力蒙皮壁板。客舱地板为泡沫塑料夹层板。机头罩可向上打开，以便检查雷达。尾部有阻力伞舱。伊尔 -62 客舱布置有三种：分别可载 186 人、165 人和 114 人。两个增压的行李舱和货舱位于机翼前后的地板下面，机尾内部行李舱为非增压舱。前舱可装 9 个集装箱，后舱可装 5 个集装箱。两舱均可装零散货物。

趣味小知识

伊尔 -62 装有 4 台库兹涅佐夫 HK-8 涡轮风扇发动机，单台推力 139.0 千牛。

俄罗斯伊尔 -86 民航客机

伊尔 -86 客机是由苏联伊留申设计局研发的四发大型双过道宽体客机，也是苏联第一种宽体客机。

研发历史

基本参数	
长度	59.94 米
高度	15.81 米
翼展	48.06 米
重量	208 000 千克
最高速度	900 千米 / 时
相关简介	

1976 年 12 月，伊尔 -86 第一架原型机首飞。由于要赶在 1980 年莫斯科奥运会前将伊尔 -86 投入运营服务，时间紧迫，设计上出现失误，航程方面远未达到要求。伊尔 -86 只用于 2 000 ～ 3 000 千米的高密度航线，同时也用于中、短程国际航线。

实战性能

伊尔 -86 是由苏联设计的第一种翼下吊挂布局的客机。飞机设计与西方宽体客机基本相同，但在发动机短舱设计、起落架布置和机舱安排等方面有独到之处。伊尔 -86 机体主要为铝合金铆接结构，采用了部分钛合金锻件和特种钢材，并采用了经过表面处理的双曲率壁板、化学铣壁板和蜂窝夹层壁板，还采用胶接铆接工艺和钛合金螺栓。飞机设计寿命为 40 000 个飞行小时或 20 000 个起落。

趣味小知识

伊留申设计局研制伊尔 -86 时，苏联缺乏高涵道比的发动机，伊尔 -86 只好继续使用与伊尔 -62 同系列的低涵道比发动机，导致燃料经济性较差。

俄罗斯伊尔 -96 民航客机

伊尔 -96 客机是伊留申设计局在伊尔 -86 客机的基础上改进而来的四发远程宽体客机。

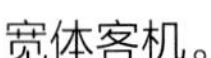

驾驶舱特写

客舱特写

基本参数	
长度	63.94 米
高度	15.7 米
翼展	60.11 米
重量	122 300 千克
最高速度	870 千米 / 时
相关简介	

研发历史

第一架伊尔 -96 原型机在 1988 年 9 月 28 日首飞。1993 年，伊尔 -96 投入商业运营。由于苏联解体后伊留申设计局资金出现问题，伊尔 -96 交货缓慢，发展受阻。伊尔 -96 有三种不同的型号：伊尔 -96-300、伊尔 -96M/T 和伊尔 -96-400。伊尔 -96-300 是最初的型号，1993 年投入商业运营，2006 年停产。伊尔 -96M 是伊尔 -96-300 的改进型，伊尔 -96T 是伊尔 -96M 的货机型。伊尔 -96-400 利用伊尔 -96T 的机身，配备俄罗斯本国生产的电子设备和发动机。

实战性能

伊尔 -96 所使用的飞行控制机构全部由三余度的电传操纵系统来操作。驾驶舱内保留有常规的备用仪表，但主要飞行信息由复式双屏幕彩色阴极射线管、卫星导航系统和其他传感器提供。伊尔 -96 客舱可载客 300 人，每排 9 座。三级混合型客舱布局载客 235 人。下层舱设有 1 个前货舱，可放置 6 个 LD3 集装箱，机翼后的中货舱可放置 10 个 LD3 集装箱或货盘。其最大航程可达 12 000 千米，可以直飞从莫斯科到美国西海岸的航线，并可以与空中客车 A340 和波音 777 等同级别客机进行竞争。

趣味小知识

伊尔 -96-300 被选中作为俄罗斯总统弗拉基米尔•普京的 VIP 专机。

俄罗斯雅克 -40 民航客机

雅克 -40 客机是由苏联雅克夫列夫设计局研制的三发短程喷气式支线运输机。

尾翼特写

仪表盘特写

研发历史

雅克 -40 的第一架原型机于 1966 年 10 月 21 日首次试飞，不久又有 4 架原型机参加飞行试验，以加快进度。1968 年 9 月 30 日，雅克 -40 投入航线使用。雅克 -40 的客户除了苏联外，还有古巴、保加利亚、赞比亚、老挝、波兰、埃塞俄比亚、越南、南斯拉夫、赤道几内亚等。而且这种飞机还是苏联第一次成功打入西欧市场的商用飞机，出口约 150 架。

基本参数	
长度	20.36 米
高度	6.5 米
翼展	25 米
重量	9 400 千克
最高速度	550 千米 / 时
相关简介	

实战性能

雅克 -40 有客机、专机、货运机、客货混合机和救护机等型别，除了 40 座客机的机身加长 2 米之外，其他型别都只是机舱布局不同，结构并无多大区别。货运型在机身左侧增加了 1 个 1.50 米 ×1.6 米的货舱门。客机型有 27 ~ 32 座和 16 ~ 20 座等不同的客舱布局。雅克 -40 装有 3 台伊夫琴科 AN-25 涡轮风扇发动机，单台推力 1 500 千克。该机最大商务载重为 2 300~2 720 千克，最大载油量为 2 125~4 000 千克。

趣味小知识

雅克 -40 客机可在任何 2 台发动机工作情况下起飞和爬升，并在 2 台发动机熄火情况下保持巡航飞行的高度。

俄罗斯雅克 -42 民航客机

雅克 -42 客机是由雅克夫列夫设计局研制的三发中短程运输机，主要供西伯利亚干线向南北两侧延伸的中短程航线上使用。

研发历史

雅克 -42 于 1975 年 3 月 7 日首次试飞，1978 年 1 月第一架生产型出厂，1980 年 9 月开始定期飞行。1981 年中有 10 架雅克 -42 投入莫斯科至克拉斯诺达尔航线使用。1982 年由于失事而停飞，直到 1984 年 10 月才重新投入航线使用，飞萨拉托夫至列宁格勒和莫斯科至比科夫等航线。雅克 -42 主要有雅克 -42（基本型）、雅克 -42D（增加燃油量，内部作了改进）和雅克 -42M（加长型）等型号。

基本参数	
长度	36.38 米
高度	9.83 米
翼展	34.88 米
重量	34 518 千克
最高速度	750 千米 / 时
相关简介	

实战性能

雅克 -42 的主要设计目标是结构简单，使用可靠，经济性好，能在气象条件差别很大的边远地区使用。该机采用全金属铆接和焊接半硬壳式硬铝结构，主机身为圆形剖面，后机身为卵形剖面。悬臂式下单翼，由 1 个中翼段和两个外翼段组成。驾驶舱内并排两名驾驶员，需要时可增加 1 名工程师。全经济舱 120 个座位，每排 6 座，排距 75 厘米，中央过道宽 45 厘米，也可布置 104 个座位，客舱前后有随身行李和衣帽间。

趣味小知识

雅克 -42 客机装有恶劣气象条件下昼夜飞行用的飞行和导航设备。

俄罗斯图 –134 民航客机

图 –134 客机是由苏联图波列夫设计局研发的双发窄体客机。

客舱特写

舷窗特写

研发历史

图 –134 最初是以图 –124A 的名义来进行开发的。1963 年 7 月 22 日，在图 –124 的基础上采用了新发动机的图 –124A 完成首飞。不过两年之后飞机的设计作出了改动，发动机被转移到机尾部，尾翼也改为了 T 形，这时原型机的编号也变成了后来的图 –134。1966 年，图 –134 开始批量生产。虽然图 –134 的生产工作至 1985 年就停止了，但直到 21 世纪初仍然有一些国家元首将其作为私人专机。

基本参数	
长度	37.1 米
高度	9.02 米
翼展	29 米
重量	27 960 千克
最高速度	900 千米 / 时
相关简介	

实战性能

图 –134 是在图 –124（世界上第一种短途涡扇运输机）的基础之上，将机翼下的发动机后移至机尾处，再改用 T 形尾翼而成。该机是苏联第一种能符合西方标准的客机，它良好的适应性可以在苏联和华约国家的大多数机场内降落。不过，图 –134 早期型号配备的 D–30 发动机没有反推力装置，因此需要配备减速伞才能在某些机场降落。

趣味小知识

由于图 –134 客机存在客舱设计不合理、噪声较大、油耗高等问题，欧洲 2002 年开始就拒绝使用，2009 年开始俄罗斯也逐渐淘汰这种机型。

俄罗斯图 -144 民航客机

图 -144 客机是由苏联图波列夫设计局研制的超音速客机，也是世界上最先首飞的超音速民航客机。

客舱特写

发动机尾喷口特写

研发历史

基本参数	
长度	65.5 米
高度	12.5 米
翼展	28.8 米
重量	99 200 千克
最高速度	2 120 千米 / 时
相关简介	

图 -144 在 1962 年由图波列夫设计局和苏联航空工业部开始研制和设计工作，1968 年 12 月 31 日原型机首次试飞，比“协和”式客机试飞早两个月。图 -144 于 1975 年 12 月 26 日交付使用，提供货运及邮政服务，来往于莫斯科与哈萨克的阿拉木图之间。1977 年 11 月，开始提供载客服务。

实战性能

图 -144 采用 3 人制驾驶舱设计，机头部分在俯仰方向上由液压装置驱动折转，可下垂的机头保证驾驶员在大迎角起降时有良好的视野。其生产型机身加长加宽，起落架和发动机短舱重新设计，机头两侧增加了可伸缩前翼，降落时伸出，可降低进场速度，并使飞机降落更为平稳舒适。图 -144 使用 4 台 NK-144 涡轮风扇发动机，图 -144D 使用推力更大的 RD-36-51 发动机，比 NK-144 更省油，在超音速飞行时不需要使用加力燃烧室，续航距离更长。

趣味小知识

由于图 -144 在技术上、经济性上存在问题，在研制过程中还发生过两起重大事故，极大地影响并限制了它的应用与发展，它只在极少的航线进行了少量的民航航班运营，到 1984 年后就彻底停止了商业飞行。

俄罗斯图 –154 民航客机

图 –154 客机是苏联图波列夫设计局研发的三发中远程客机，北约代号为“大意”（Careless）。

驾驶舱特写

客舱特写

研发历史

基本参数	
长度	48 米
高度	11.4 米
翼展	37.55 米
重量	55 300 千克
最高速度	950 千米 / 时
相关简介	

图 –154 于 1966 年开始设计，1968 年 10 月 14 日首次试飞。1971 年 5 月开始邮件和货物运输，7 月开始投入莫斯科 – 第比利斯之间航线客运飞行，1972 年 2 月 9 日开始莫斯科 – 北高加索矿水城的航线飞行，同年 8 月 1 日，开始莫斯科 – 布拉格的国际航线飞行。

实战性能

图 –154 机身尾部装 3 台发动机以及“T”形尾翼的基本布局，与波音 727 相似。图 –154 结构稳固，推重比较好，起飞表现良好，能从凹凸不平的跑道上起飞，拥有 14 个大型低压轮胎使其能于积雪而未平整的跑道上降落。对习惯波音客机的乘客来说，图 –154 的机舱比较狭窄。这是因为机舱截面内部呈椭圆形和天花板比一般西方研发的客机低。图 –154 客舱门也比西方同类机型的小，而且客舱顶行李架的位置也十分有限。

趣味小知识

图 –154 大部分由苏联以及俄罗斯民航使用，国外用户有保加利亚、匈牙利、罗马尼亚、古巴、波兰、朝鲜、叙利亚和伊朗等。

俄罗斯图 -204 民航客机

图 -204 客机是苏联图波列夫设计局研发的双发中程客机，用于取代图 -154 客机。

客舱特写　　舷窗特写

基本参数	
长度	46.14 米
高度	13.9 米
翼展	41.8 米
重量	103 000 千克
最高速度	810 千米 / 时
相关简介	

研发历史

图 -204 的最初设计始于 1983 年， 1989 年 1 月首架原型机试飞，1990 年开始正式生产。苏联解体后，由于俄罗斯资金匮乏等原因，图 -204 系列飞机研制、生产进展缓慢，而且性能与西方国家生产的客机存在差距，未能吸引国内外航空公司购买，因此销售不佳。1993 年 5 月，图 -204 开始交付使用，初始交付只有货运型，1995 年 1 月 12 日取得适航证，1996 年 2 月 23 日交付首架客运型。

实战性能

图 -204 系列飞机涵盖了客运、货运、客货两用以及客货快速转换各种型别，其突出优点是价格便宜。该机采用全金属半硬壳式椭圆形机身，由铝锂合金和钛合金制造，机头雷达罩和一些舱盖采用复合材料。全金属结构下单翼，采用超临界翼形，后掠角 28 度。部分蒙皮采用复合材料，扰流片、减速板和襟翼都采用碳纤维蒙皮，翼根整流罩为玻璃纤维复合材料制成，机翼前缘部分采用复合材料。翼尖带有翼梢小翼。

趣味小知识

2010 年 3 月 22 日，一架注册号为 RA-64011 的图 -204 客机在俄罗斯莫斯科机场附近坠毁，机上 8 名机组人员幸免于难。

俄罗斯图 -334 民航客机

图 -334 客机是俄罗斯为了取代机龄渐高的图 -134 客机和雅克 -42 客机而设计的中短程客机。

基本参数	
长度	31.26 米
高度	9.38 米
翼展	29.77 米
重量	30 050 千克
最高速度	850 千米 / 时
相关简介	

研发历史

20 世纪 90 年代早期，图波列夫设计局开始研制图 -334 客机。1995 年，首架原型机公开展示。1999 年 2 月 8 日，图 -334 客机首度试飞。此后，虽然图波列夫已接到上百架图 -334 客机的订单，但因为资金短缺，以致产品认证及量产等方面均延期进行。随着 2009 年俄罗斯联合飞机公司重组，图 -334 客机项目被取消。

实战性能

图 -334 的机身使用图 -204 的设计，但其长度则被改短，机尾采用 T 字形设计，两副引擎置于机尾两侧，有别于引擎置于翼下的西方传统设计。图 -334 具有较高的使用性能，先进的气动外形和发动机使其具有极其经济的油耗。图 -334 的 D-436T-I 双涵道涡轮喷气发动机由乌克兰进步机器设计局研制，是一种较为成熟的产品。图 -334 基本型的航程较长，使其在支线航线上无须加油便可往返飞行。

趣味小知识

图 -334 可根据订货者的要求配备各种型号的发动机和航空设备，包括西方制造的机载设备，以使该机出口到欧洲各国。

俄罗斯 SSJ-100 民航客机

SSJ-100 客机是俄罗斯苏霍伊民用飞机公司研制生产的支线客机。

驾驶舱特写

客舱特写

基本参数	
长度	29.94 米
高度	10.28 米
翼展	27.8 米
重量	25 100 千克
最高速度	828 千米 / 时
相关简介	

研发历史

SSJ-100 最初期被命名为 RRJ（Russian Regional Jet），该机从一开始就把目标瞄准了出口市场，被认为是与加拿大庞巴迪 CRJ 系列、巴西航空工业公司 E 系列相竞争的产品。领导 SSJ-100 项目的苏霍伊民用飞机公司获得了美国波音公司的帮助，在研制和生产中引进了许多西方管理理念。SSJ 项目的技术人员主要来自苏霍伊、伊留申和图波列夫。2011 年 4 月 19 日，第一架量产 SSJ-100 交付亚美尼亚航空。

实战性能

SSJ-100 采用由法国斯奈克玛公司和俄罗斯土星研究局联合研制的 SaM146 发动机。该发动机的推力在试验中达到了 8347 千克，大幅超过了设计值。SSJ-100 客机 95 座基本型的售价约为 2 800 万美元，比一些国外同类机型的价格低 15% 左右。该机分为基本型和远程型，有 60 座、75 座和 95 座布局，其中 95 座基本型的设计航程 4590 千米。

趣味小知识

SSJ-100 客机是俄罗斯第一种按西方适航标准设计的民用飞机。SSJ-100 客机之前，俄罗斯只有伊尔 -96M/T 一种飞机获得过美国 FAA 的 FAR25 型号证书。

乌克兰安-24民航客机

安-24客机是由苏联安东诺夫设计局（现为乌克兰安东诺夫航空科研技术联合体）研制的双发中短程涡轮螺桨运输机，北约代号为“焦炭”（Coke）。

研发历史

基本参数	
长度	23.53米
高度	8.32米
翼展	29.2米
重量	13 300千克
最高速度	450千米/时
相关简介	

安-24客机于1958年开始设计，1960年4月首次试飞，1963年9月进入航线使用。安-24有客运型、客货型、全货型、森林灭火型、救护型或专机型等多种民用和军用型别。除苏联民航外，安-24客机还向多个国家出口。

实战性能

安-24客机采用全金属半硬壳式结构，前、中、后三段机身为胶接焊接连接而成。悬臂式上单翼，全金属双梁结构。该机使用两具伊伏琴柯AI-24A涡桨发动机，单台功率1 875千瓦。驾驶舱内有驾驶员，副驾驶员兼无线电报务员，客舱有一名服务员。正常座舱布局可载客50人。客舱有增压和空调系统，客舱后部有厨房和厕所。全货型的货舱门在机身的右前方，后货舱门在机尾腹部，设有厨房、厕所和工作人员休息舱。应急出口在驾驶舱后面的地板上。

趣味小知识

安-24军用运输型可载30名伞兵和38名全副武装士兵，救护型可载24名担架伤员和1名护士。

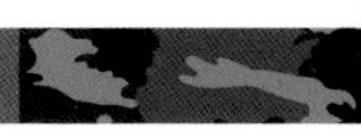

乌克兰安 -72 民航客机

安 -72 客机是由苏联安托诺夫设计局研发的双发短距起落运输机，北约代号为“矿工”（Coaler）。

研发历史

基本参数	
长度	28.07 米
高度	8.65 米
翼展	31.89 米
重量	19 050 千克
最高速度	700 千米 / 时
相关简介	

安 -72 于 1977 年 12 月进行首飞。1983 年 11 月至 12 月，安 -72 共创造 17 项正式 C1j 和 C1k 级飞行世界纪录。该机后来又发展成新的中短程短距起降运输机——安 -74，专门发展在极地使用。其他安 -72 的衍生型包括安 -72AT 货运机、安 -72S 行政机，以及安 -72P 海上巡逻机。

实战性能

安 -72 的最大特点是它的发动机放置于机翼之上，吹出的气流在机翼上表面流过，利用附壁作用，产生大量额外升力，改善短距离起降的能力，同时减少发动机吸入地面碎片的可能。安 -72 的动力装置为 2 台洛塔列夫 D-36 高涵道比涡扇发动机。驾驶舱内有正副驾驶员和飞行工程师，主货舱可运送 32 名乘客或 24 名伤员加 1 名护士。

趣味小知识

安 -72 最后一次在西方露面是 1984 年参加英国法恩伯勒航展，该机后来又发展成新的中短程短距起落运输机安 -74。

乌克兰安 -148 民航客机

安 -148 客机是由安东诺夫航空科研技术联合体联合俄罗斯和乌克兰的众多航空企业共同研制生产的支线客机。

客舱特写

驾驶舱特写

基本参数	
长度	30.83 米
高度	8.2 米
翼展	28.56 米
重量	43 700 千克
最高速度	870 千米 / 时
相关简介	

研发历史

安 -148 于 2004 年 12 月 7 日试飞，2009 年 6 月 2 日进行了首次商业飞行。根据不同支线飞机用户的需要，安 -148 可以进行下列改变：客运型、公务型、货运型、客货混合型、特殊用途型（紧急救护、空中监视等）。

实战性能

安 -148 系列装有现代化的导航和无线电通信设备，多功能驾驶舱显示器和飞行控制系统，使其可在任何航线、简单和复杂气候条件下昼夜飞行。该机有合理选择的客舱长度和每排“2+3”的座椅布局（单通道，左两排和右三排）。舱内布局可在 55 ~ 80 名乘客范围内按照不同形式组合。

趣味小知识

为了最大限度满足各类航空公司的对运营灵活性和降低使用成本、提高运营利润的要求，安 -148 系列从 2 200 千米到 5 100 千米航程型均将获得适航证。市场调研显示其技术经济性能满足大多数航空公司的需求。

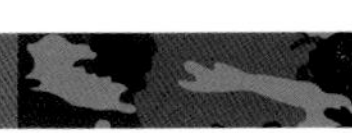

英法“协和”式民航客机

“协和”式（Concorde）客机是一种由法国宇航和英国飞机公司联合研制的中程超音速客机，它和苏联图-144同为世界上少数曾投入商业使用的超音速客机。

基本参数	
长度	61.66米
高度	12.2米
翼展	25.6米
重量	78 700千克
最高速度	2 330千米/时
相关简介	

研发历史

“协和”式客机在1969年首飞、1976年投入服务。该机从巴黎飞到纽约只需约200分钟，比普通民航客机节省超过一半时间，所以虽然票价昂贵但仍然深受商务旅客的欢迎。1996年2月7日，“协和”式客机从伦敦飞抵纽约仅耗时172分钟59秒，创下了航班飞行的最快纪录。“协和”式客机共生产了20架，其中仅有16架投入运营。21世纪初，受法国航空4590号班机空难和“9•11”事件的影响，“协和”式客机不得不在2003年11月终止服务。

实战性能

“协和”式客机采用了弧形前缘细长三角翼，机身为细长形，主要材质为铝合金，装备4台带加力燃烧室的劳斯莱斯奥林匹斯593型涡轮喷气发动机，总推力超过68 900千克。在高效率的发动机推进下，“协和”式客机的巡航速度可长时间保持在每小时2 140千米，最高巡航高度达18 300米。该机是首种使用模拟电传操纵的民航客机，也是首度以半导体器件和被动元件形成混合集成电路作为飞机电子系统主体。

趣味小知识

“协和”式客机需要3名机员共同操作，包括正、副飞行员及飞行机械工程师。

英国 DH 121“三叉戟”民航客机

DH 121“三叉戟”（Trident）客机是由德·哈维兰公司研制的三发短程客机，是世界上较早实现自动驾驶的机型之一。

客舱特写

驾驶舱特写

基本参数	
长度	35 米
高度	8.3 米
翼展	28.9 米
重量	33 475 千克
最高速度	972 千米 / 时
相关简介	

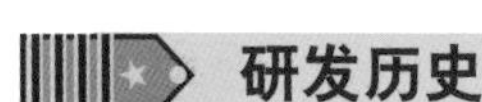

研发历史

1956 年 7 月，英国欧洲航空公司招标，寻找一种中短程喷气式客机。最终，德·哈维兰公司的 DH 121 方案竞标成功。1960 年，德·哈维兰公司并购至霍克·西德利公司，英国欧洲航空公司主席给该机起了“三叉戟”的外号。1962 年 1 月 9 日，“三叉戟”完成首次试飞，并出现在同年的范堡罗航展上。1964 年 4 月 1 日，该机开始在英国欧洲航空公司执行飞行任务。

实战性能

“三叉戟”客机采用半硬壳式机身，全金属（铝合金）蒙皮。除标准布局外，还有载客较多的混合布局和高密度布局。客舱在 4 座和 6 座一排的混合布局时可设 75 个旅客座椅，全部 6 座一排时可设 95 个经济舱座椅。“三叉戟”客机装有仪表着陆系统，飞行控制和导航设备，供电系统和空调，防冰系统，以及完善的通信设备。“三叉戟”2E 型是世界上第一种能在恶劣气象条件下具有全自动着陆能力的民航客机，改进了商业航空服务可靠性，提高了飞行安全标准。

趣味小知识

“三叉戟”客机装备 3 台涡轮风扇发动机，因为发动机的推力线靠近机身轴线，当一台发动机失效时，造成的偏航力矩也较小。

英国 BAe 146 民航客机

BAe 146 客机是由英国宇航公司研制的四发短程喷气式支线运输机。

发动机吊舱特写

客舱特写

研发历史

基本参数	
长度	30.99 米
高度	8.61 米
翼展	26.21 米
重量	23 897 千克
最高速度	801 千米 / 时
相关简介	

BAe 146 原名 HS.146，是原英国霍克·西德利飞机公司于 1972 年研制的 70–85 座级的四发喷气式客机，后因爆发石油危机而搁置。1977 年 4 月，霍克·西德利与英国飞机公司合并组成英国宇航公司。1978 年 7 月，HS.146 计划以 BAe 146 的新名称起死回生，作为短程支线运输机投入市场。BAe 146 于 1983 年开始交付使用。

实战性能

BAe 146 具有高效机翼设计，扰流板和襟翼的面积比同类型的大，采用前三点式起落架，BAe 146 起落性能较好，能在小型机场起降。该机具有使用费用低和噪声低等特点。与一般支线客机相比，BAe 146 系列具有宽机身优越的旅客座位配置规格，采用每行 5 个座位排列，而不是传统的 4 个座位并列。该机的载客量最高能够达到 100 人，航程最高可达 1 966 千米。

趣味小知识

BAe 146 在市场上以低噪声而闻名，有“耳语喷气机”的美誉，广泛应用在小城市的支线机场，扮演着短途或支线航班的角色。

英国 BAe ATP 民航客机

BAe ATP 客机是由英国宇航公司研发的短程客机，尽管比较宁静和省油，但竞争力不及对手，使 BAe ATP 成为一款失败的产品。

研发历史

1984 年 3 月 1 日，英国宇航公司宣布将会以 HS.748（原霍克·西德利公司研制的双发涡轮螺桨式支线运输机）为基础，研发一款先进涡扇飞机（Advanced TurpoProp）。原型机于 1986 年 8 月 6 日首飞，1988 年 5 月 9 日投入服务。尽管 BAe ATP 拥有良好运作性远比同级飞机宁静，但它的低速度与落后的科技成为致命伤，竞争力远不及对手，销量惨不忍睹。

基本参数	
长度	26 米
高度	7.14 米
翼展	30.63 米
重量	13 595 千克
最高速度	496 千米 / 时
相关简介	

实战性能

BAe ATP 的机身横切面与 HS.748 一样，但加长了机身，使其标准载客量达 64 人，最高可载 72 人。机身前后各加设了 1 个货门。飞机采用更具燃油效益、六叶片的普惠 PW124 发动机，达 2 150 马力，但后来改用 PW126A 发动机。BAe ATP 的驾驶舱比较现代化，采用 4 个电子飞行仪表系统。

趣味小知识

英伦航空是 BAe ATP 的启动客户，订购了 8 架，后增至 13 架，于 1988 年 5 月 9 日投入服务。其他 BAe ATP 早期客户包括英国航空和孟加拉航空等。

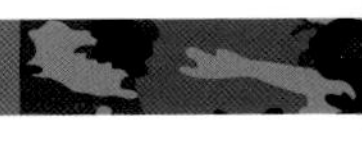

英国 BAC 1–11 民航客机

BAC 1–11 客机是由英国飞机公司在 20 世纪 60 年代研制生产的 100 座级短程喷气式客机。

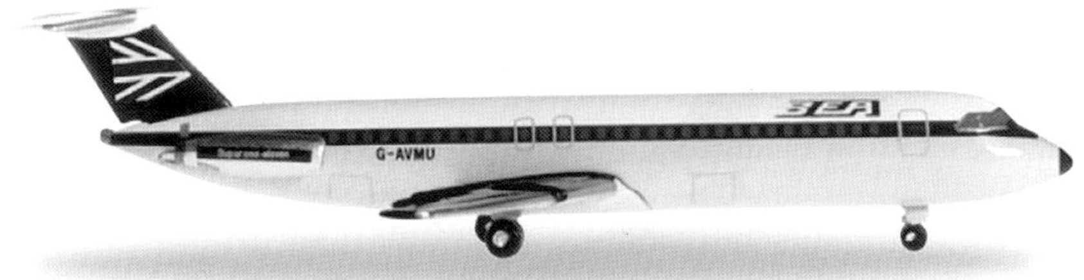

研发历史

基本参数	
长度	28.5 米
高度	7.2 米
翼展	26.9 米
重量	21 049 千克
最高速度	795 千米 / 时
相关简介	

BAC 1–11 计划最初是由亨特飞机公司提出的，载客量 100 人，名为亨特 107。亨特飞机公司在 1960 年与维克斯·阿姆斯特朗公司合并成为英国飞机公司，该计划被终止。英国飞机公司在 1961 年重提此计划，重新命名为 BAC 1–11。首架 BAC 1–11 于 1963 年 8 月 20 日首飞，并在 1965 年投入服务。

实战性能

BAC 1–11 各型的载客量为 89 ~ 119 人。BAC 1–11–200 是 BAC 1–11 的基本型号，采用劳斯莱斯 Spey MK506–14 型发动机。BAC 1–11–300 是 BAC 1–11–200 的增程型，增加燃油箱，发动机更换为劳斯莱斯 Spey MK511–14。BAC 1–11–400 与 BAC 1–11–300 同期研制，可以看作使用美国制仪器和设备的 BAC 1–11–300。BAC 1–11–500 机身加长 4.11 米，发动机型号更换为 Spey MK512，同时还改进了驾驶舱的航空电子系统。

趣味小知识

BAC 1–11 的 2 台发动机置于机身尾部两侧，采用 T 形尾翼，机翼后掠角 20°。

英国 VC-10 民航客机

VC-10 客机是由英国维克斯·阿姆斯特朗公司研制的四发中远程民航客机。

研发历史

基本参数	
长度	52.22 米
高度	12.04 米
翼展	45.55 米
重量	151 960 千克
最高速度	936 千米 / 时
相关简介	

VC-10 于 1958 年开始研发，最初设计是给英国海外航空公司的非洲航线使用。1962 年 6 月首次试飞，1964 年 4 月投入航线服役。同年，维克斯·阿姆斯特朗公司开始研制改进型——Super VC-10。除民用型号，VC-10 曾改装成加油机、客货机及救生机在英国皇家空军中服役，还经常作为英国皇室成员远程出访的专机。

实战性能

VC-10 采用 4 台劳斯莱斯“康威”涡轮风扇发动机，推力较大，具有适于在高温高原的英属非洲地区的起落能力。VC-10 客机采用机尾安装发动机的布局，将 4 台发动机短舱悬吊在机身尾部两侧，这样既远离客舱，又紧靠机身，在一侧发动机故障时不致引起严重的不平衡推力，避免机翼安装发动机吊舱对升力和阻力的影响。

趣味小知识

1978 年，英国空军与英国宇航公司签订合同，将原英国海外航空公司的 5 架标准型 VC-10 和东非航空公司的 4 架超 VC-10 改装为空中加油机。

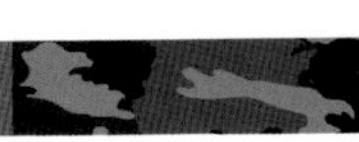

法国 SE 210“卡拉维尔”民航客机

SE 210“卡拉维尔”（Caravelle）客机是由法国东南飞机制造公司（后改为南方航空公司，又合并成法国宇航公司）研发的双发中短程喷气式客机。

研发历史

基本参数	
长度	31.01 米
高度	8.72 米
翼展	34.3 米
重量	22 200 千克
最高速度	805 千米 / 时
相关简介	

1951 年 10 月 12 日，法国航空局决定发展国产喷气式客机，并公开宣布规格为中程喷气式客机。东南飞机制造公司的 X-210 计划最终入选，并在法国政府援助下开始研制。1955 年 5 月 27 日，X-210 原型机首次试飞。1958 年 5 月，生产型开始交付，并命名为 SE 210“卡拉维尔”。

实战性能

SE 210“卡拉维尔”的两台发动机分别安装在机身尾部两侧短舱内，是历史上第一种采用发动机后置尾吊布局的喷气式客机，之后衍生了众多的追随者如 DC-9、MD-80 系列。尾吊发动机布局可以保持机翼外形简洁，相对翼下吊挂发动机布局，流过机翼的气流免受干扰，飞机起落架高度可以降低，方便乘客上下飞机。

趣味小知识

SE 210“卡拉维尔”民航客机是西欧国家在“空中客车”飞机项目之前仅有的两种能实现盈利的喷气式客机项目之一，另一个是 BAC 1-11 客机。

法国 / 意大利 ATR 42 民航客机

ATR 42 客机是由法国宇航公司和意大利阿莱尼亚公司联合研制的双发涡桨式支线运输机。

客舱特写

客舱特写

研发历史

1980 年，法国宇航公司和意大利阿莱尼亚公司达成协议，决定共同研制一种中、小型支线客机。1981 年，两家公司合组 ATR 公司。第一架原型机于 1984 年 10 月首飞，第一架生产型飞机于 1985 年 4 月首飞。1985 年 12 月开始交付，用户有法国、意大利、荷兰、丹麦、芬兰和美国的多家航空公司。ATR 是法文和意大利文“区域运输机”的略语，42 是基本型客机的载客数。

基本参数	
长度	22.67 米
高度	7.59 米
翼展	24.57 米
重量	11 250 千克
最高速度	556 千米 / 时
相关简介	

实战性能

ATR 42 采用普通半硬壳式破损安全结构，主要由轻合金部件构成，结构设计使用寿命 25 年。该机在气动力和结构设计以及机载设备等方面均采用了不少先进技术，并使用了计算机辅助设计和制造技术。ATR 42 的基本设计标准是经济性好、起落距离短、具有在Ⅱ类气象条件下的仪表着陆能力、全增压客舱、具有宽体客机的舒适性等。客舱通常设 42 座，排距 81 厘米，也可安排 46 座、48 座、50 座，排距 76 厘米。

趣味小知识

ATR 42 民航客机装 2 台普惠 PW120 涡桨发动机，单台功率 1 342 千瓦，可选装加雷特公司的辅助动力装置。

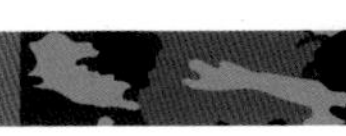

法国 / 意大利 ATR 72 民航客机

ATR 72 客机是由法国与意大利合资的飞机制造商 ATR 公司制造的双螺旋桨民航客机。

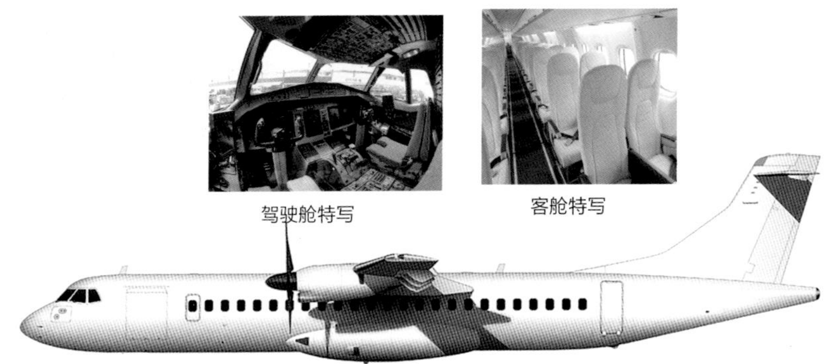

驾驶舱特写

客舱特写

研发历史

基本参数	
长度	27.17 米
高度	7.65 米
翼展	27.05 米
重量	12 950 千克
最高速度	511 千米 / 时
相关简介	

ATR 72 是 ATR 42 的加长型飞机，ATR 公司在 1985 年巴黎航展期间宣布着手这项改型计划。ATR 72 于 1988 年 10 月 27 日首飞，1989 年 10 月 27 日开始交付使用。按 1991 年币值计算，ATR 72 单价为 1 190 万美元。ATR 公司原本打算研发 78 座的 ATR 82，但是计划在 1996 年就告吹了。2000 年 4 月，ATR 公司交付第 600 架 ATR 72。

实战性能

ATR 72 机身和 ATR 42 相同，但长度增加。驾驶舱设备及布局也和 ATR 42 基本相同，但增加了微型发动机监控设备，加油仪表板上有燃油传输装置仪表。客舱各座椅都配有通风口和阅读灯，舱内还备有扩大了容量的空调系统。ATR 72 的翼展和机翼面积相比 ATR 42 均加大，机身加长。座舱设置 2 人制驾驶舱。客舱内可安排 64 座、66 座或 70 座，高密度布局时可载客 74 名，排距分别为 81 厘米、79 厘米、76 厘米和 76 厘米。其油箱容量更大，航程更远。

趣味小知识

ATR 72 的动力装置为两台 1 611 千瓦的 PW124 涡桨发动机，其改进型选用普惠 PW127 螺旋桨发动机。

德国多尼尔 328 民航客机

多尼尔 328 客机是由德国多尼尔公司研发的可分别采用涡桨及涡扇发动机的支线客机。

驾驶舱特写

客舱特写

基本参数	
长度	21.11 米
高度	7.24 米
翼展	20.98 米
重量	8 922 千克
最高速度	620 千米 / 时
相关简介	

研发历史

20 世纪 90 年代，德国多尼尔公司在多尼尔 328 螺旋桨运输机的基础上研发支线喷气式客机，并命名为 Do 328-300。1996 年，多尼尔的母公司戴姆勒－奔驰将 80% 的股权售予美国费尔柴德公司，以套取足够的资金去进行开发，而公司的名称也从多尼尔改为费尔柴德·多尼尔。费尔柴德·多尼尔没有 Do 328 家族的生产权，生产权由母公司所拥有。因应市场推销的原因，Do 328-300 最后改称为 Do 328JET，以免被外界误会该机为螺旋桨飞机。

实战性能

多尼尔 328-300 采用了特殊机翼剖面和平面外形的上单翼结构，并且上下翼面由实心材料铣削加工而成，因此在减少结构重量的同时大幅度提高了升阻比并节约燃油消耗。该机采用普惠 PW306B 涡轮风扇发动机，良好的爬升性能使其能在短跑道起降。多尼尔 328-300 提供了宽体机身的舒适性，座位布局为 32 座，每行 3 个座位排列。

趣味小知识

多尼尔 328 客机采用了圆形增压机身、可站立机舱、T 形尾翼以及大量复合材料。

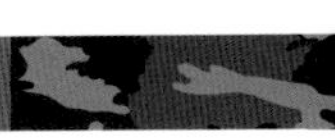

欧洲空中客车 A300 民航客机

A300 客机是由欧洲空中客车公司研发的双发中短程宽体客机，它是世界上第一架双发宽体客机，也是空中客车第一款投入生产的客机。

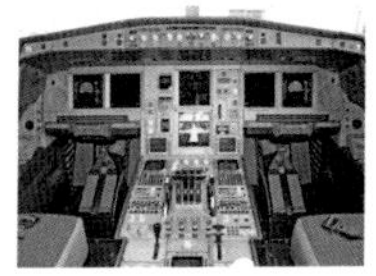
驾驶舱特写

客舱特写

基本参数	
长度	54.1 米
高度	16.54 米
翼展	44.84 米
重量	90 900 千克
最高速度	878 千米 / 时
相关简介	

研发历史

A300 是空中客车公司在法、德、英、荷兰和西班牙等国政府支持下研制的双发宽体客机。1969 年 9 月开始研制，1972 年 10 月 300B1 原型机首飞，1974 年 5 月交付使用。该机最初设计为单一舱等，最多可载客 300 人，因此被命名为“A300”。

实战性能

空中客车公司在研制 A300 时采用了当时最新的技术，包括从“协和”式超音速客机移植过来的技术。A300 先进的超临界机翼具有较佳的经济性能，先进的飞行控制空气动力性。A300 所有客舱、货舱和航空电子舱均为增压舱。在同级别飞机中，A300 具有最宽的机身横截面，宽度足以容纳 8 个座椅和两条走道，货舱可以并排放下 LD3 标准集装箱，而且比波音 747 安排更紧凑，空间利用率更高。同时，该系列飞机具有良好的燃油经济性，非常环保。A300 客机载客量能够达到 375 人，其最大航程为 7 500 千米。

趣味小知识

A300 的飞行操控高度完全自动化，机师只有在紧急情况下才需以手动控制，其先进的自动飞行系统可以适应从起飞到着陆的全部过程，除此之外，A300 还具有全电子传控刹车系统。

欧洲空中客车 A310 民航客机

A310 客机是由空中客车公司为与波音 767 竞争在空中客车 A300 基础上研制的 200 座级中短程双通道宽体客机。

驾驶舱特写

客舱特写

研发历史

基本参数	
长度	46.66 米
高度	15.8 米
翼展	43.9 米
重量	83 100 千克
最高速度	850 千米 / 时
相关简介	

A310 于 1978 年开始研制，最初研发代号是 A300B10，相当于 A300B 的缩短型。经过重新设计采用新的系统技术，命名为 A310。1982 年 4 月 3 日首架原型机试飞，1983 年 3 月 29 日开始交付使用。A310 和 A300 的市场表现保证了空中客车公司与波音公司的主要竞争对手地位。

实战性能

A310 与 A300B 的主要不同在于：缩短了机身，标准载客量减少到 200 人。重新设计的稍小的高长宽比机翼，使用更小的尾翼。得益于空气动力学技术进展，A310 较小的机翼可获得更好的升力及性能，缺点是机翼载油量较小，航程能力受限制。A310 是第一架采用电子飞行仪表与驾驶舱中央电子飞行监视器的客机，驾驶舱主仪表板上有 6 个彩色多功能阴极射线管，4 个用于电子飞行仪表系统，2 个用于发动机性能参数显示。该机率先实现双人机组体制，由自动飞行系统取代飞行工程师的工作。另一个创新在于使用电子信号，取代以往由钢索操作的控制面。

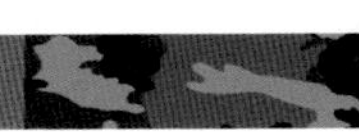

欧洲空中客车 A320 民航客机

A320 客机是由空中客车公司研发的双发单通道中短程窄体客机，成员包括 A318、A319、A320、A321 以及商务客机 ACJ。

驾驶舱特写

客舱特写

研发历史

基本参数	
长度	37.57 米
高度	11.76 米
翼展	34.1 米
重量	42 400 千克
最高速度	878 千米 / 时
相关简介	

A320 是空中客车公司与波音 737 和麦道 MD-80 进行竞争的机型。该项目自 1982 年 3 月正式启动，第一个型号是 A320-100。1987 年 2 月 22 日首飞，1988 年 2 月交付使用。1994 年 A321 投入服务，1996 年 A319 投入服务，2003 年 A318 投入服务。截至 2008 年，A320 系列的产量仅次于波音 737，是历史上销量第二的喷气式客机。

实战性能

A320 是第一款大量使用复合材料作为主要结构材料的窄体客机，也是第一款带有集装箱货物系统的窄体飞机。A320 系列客机包括 A320、A321、A319、A318，这四种机型具有相同的驾驶舱、相同的飞行操作程序、相同的客舱截面和相同的系统。飞行员只要接受相同的飞行训练，就可驾驶四种不同的客机。同时这种共通性设计也降低了维修的成本及备用航材的库存，大大增强航空公司的灵活性。A320 较宽的机身提供了足够大的货运能力，客舱舒适而宽敞，是当前最受欢迎的 150 座级的中短程客机。A320 能够提供集装箱货运装载系统，该系统与全球标准宽体飞机装载系统兼容，从而减少了地面服务设备，降低了装卸成本。

趣味小知识

A320 是第一款应用全数字电传操纵飞行控制系统的民航客机，主仪表盘上 6 个可互换的液晶显示屏取代了过去飞机上众多的仪表刻度盘，便于接受信息并确保降低 2 名驾驶员的工作负载。

欧洲空中客车 A330 民航客机

A330 客机是由空中客车公司生产的双发、双通道中长程宽体客机，用于取代 A300 客机。

驾驶舱特写

客舱特写

研发历史

基本参数	
长度	58.8 米
高度	17.4 米
翼展	60.3 米
重量	119 600 千克
最高速度	871 千米 / 时
相关简介	

A330 与 A340 是一个系列，1987 年 4 月空中客车公司决定将 A330 和 A340 两个型号作为一个计划同时上马。A330 于 1992 年 11 月 2 日首飞，1994 年交付使用。作为现役空中客车飞机中航程最远的双发飞机，A330 在与波音 767 的竞争中占据了中级双发客机市场主导地位。

实战性能

A330 的驾驶舱为双人驾驶制，采用侧杆操纵，主仪表板上有 6 个彩色多功能显示器，所有性能数据均为数字化显示。该机是能直飞机场位于海拔 3 500 米以上的青藏高原航线的少数机种之一。其机翼在气动性能方面也进行了优化，确保了所有条件下最佳的起飞和着陆性能，提高了飞机在巡航速度飞行时的燃油效率。A330 在客舱的灵活性和舒适性方面进行了优化，载客量能够达到 440 人。A330 提供了最大的运营灵活性以满足市场发展趋势，能够满足不同运营商对客舱座位数和分级布局的各种需求，宽大的底舱提高了货运运营效益。

趣味小知识

A330 系列客机采用更轻、强度更高的金属合金和复合材料，可降低机身重量和提高飞机机体的寿命。

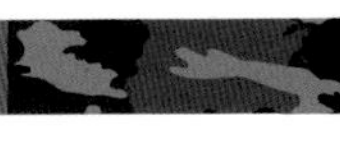

欧洲空中客车 A340 民航客机

A340 客机是由空中客车公司首款四发长程客机，也是世界上第一款使用数字控制系统的民用飞机。

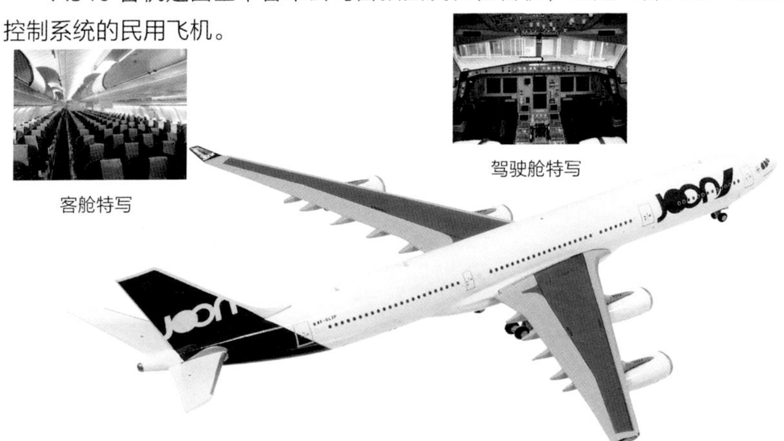

驾驶舱特写

客舱特写

研发历史

基本参数	
长度	63.6 米
高度	16.85 米
翼展	60.3 米
重量	129 275 千克
最高速度	896 千米 / 时
相关简介	

1987 年，A340 与 A330 同时开始研发，两者都保留了 A300/A310 系列的机身截面设计，同时借鉴 A320 先进的航空电子技术。A340 于 1991 年 10 月 25 日首飞，1993 年 3 月 15 日交付使用。21 世纪初，波音 777 远程型号的出现，加上燃油价格上升，航空公司开始倾向波音 777，而 A340 的订单则逐年下降。

实战性能

A340 客机的机身和尾翼采用了大量铝锂合金和复合材料，尾翼、各操纵面、整流包皮、客舱地板均由复合材料制造。该机装备了全数字化电传操纵飞行控制系统，在提高操纵性和稳定性的同时还降低了驾驶员的工作负荷。A340 的设计目的是要在远程航线与波音 747 竞争，A340 载客量较少，适合客运量少的远程航线。A340 是航程最远的现役客机之一，通过与 A330 系列相结合，A340 为客户提供了最大限度的运营灵活性和经济性。

趣味小知识

A340 和 A330 两种机型有很大的共通性，有 85% 的零部件可以互相通用，采用相似的机身结构，只是长度不同，驾驶舱、机翼、尾翼、起落架及各种系统都相同。

欧洲空中客车 A380 民航客机

A380 客机是由空中客车公司研制生产的四发 550 座级超大型远程宽体客机，其投产时是全球载客量最大的客机，有“空中巨无霸”之称。

研发历史

基本参数	
长度	72.72 米
高度	24.09 米
翼展	79.75 米
重量	276 800 千克
最高速度	1 002 千米 / 时
相关简介	

2000 年 12 月，空中客车公司宣布通过投资 88 亿欧元的 A3XX 计划，并定名为“A380”（跳过了 A350、A360 和 A370，以表技术飞跃之意）。该机于 2005 年 4 月 27 日首次试飞，2007 年 10 月 25 日交付使用。A380 打破了波音 747 在远程超大型宽体客机领域统领 35 年的纪录，成为目前世界上载客量最大的民用飞机。

驾驶舱特写

客舱特写

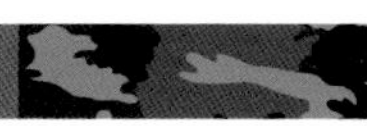

实战性能

A380 是首架拥有 4 条乘客通道的客机，座椅和通道非常宽大。A380 燃油的经济性比其直接竞争机型要提高 13% 左右，并显著地降低了噪声和废气排放。该机具备低空通场、超低空低速通场的能力，能够在中低空完成大仰角转弯、过失速速度和过失速仰角飞行、能够实施空中翻转，确保飞机遭遇鸟击、雷暴、大侧风等恶劣条件时的安全。巨大的机翼和侧旋尾翼令飞机可以在动力全部失效以及燃油耗尽的情况下滑翔着陆。A380 在典型三舱等（头等舱 – 商务舱 – 经济舱）布局下可承载 555 名乘客（上层机舱 199 人，下层客舱 356 人），采用最高密度座位安排时可承载 861 名乘客。

A380 民航客机在高空飞行

趣味小知识

A380 客机约 25% 由高级减重材料制造，其中 22% 为碳纤维混合型增强塑料（CFRP），3% 为用于民用飞机的 GLARE（玻璃纤维增强铝材料）纤维 – 金属板。

欧洲空中客车 A350 民航客机

A350 客机是由空中客车公司研发的中长程宽体客机，以取代早期推出的 A330 及 A340 系列客机。

基本参数	
长度	73.8 米
高度	16.9 米
翼展	64 米
重量	295 000 千克
最高速度	903 千米 / 时
相关简介	

研发历史

A350 客机是在 A330 客机的基础上进行改进的，主要是为了增加航程和降低运营成本，同时也是为了与全新设计的波音 787 客机进行竞争。A350 项目于 2005 年 10 月 6 日正式启动，2013 年 6 月 14 日首次试飞成功。2015 年，A350 客机投入商业运营。

实战性能

A350 客机配备全新机舱、机翼、机尾、起落架及各项新系统，一些原为 A380 客机发展出来的技术均可在 A350 客机上找到。该机有 60% 的结构采用多种先进的、经过技术验证的轻质混合材料制造，如最新的铝锂合金和碳纤维修增强塑料。先进的设计和制造技术再加上借鉴了 A380 客机的“偏倾前缘”技术，使得全新的 A350 复合材料机翼具备了非比寻常的高、低速效率。A350 每种机型的航程都可覆盖全球各个角落。A350 系列所有型号的飞机在高密度客舱布局下的载客量都可以达到 440 人。

趣味小知识

为了不影响 A330 客机的市场地位（因两者的载客量相近），A350 客机的设计为作较长途飞行，最大航程为 15 000 ~ 16 100 千米。

加拿大庞巴迪 Dash 8 民航客机

Dash 8 系列螺旋桨客机是加拿大庞巴迪宇航公司最畅销的机种，有 Dash 8-100、Dash 8-200、Dash 8-300、Dash 8-400 等民用型号。

客舱特写

驾驶舱特写

研发历史

Dash 8 于 1983 年 6 月 20 日首次试飞，1984 年年初投入使用。目前 Dash 8 系列已发展到 Dash 8“Q”型机，“Q”代表“宁静”，使用特别设计的噪声及振动抑制系统，客舱平均噪声值大幅降为 75 分贝，达到大型喷气式的水平，加上人性化的客舱设计，使 Dash 8 成为最舒适、最受欢迎的区间客机。

基本参数	
长度	32.81 米
高度	8.3 米
翼展	28.4 米
重量	29 260 千克
最高速度	667 千米 / 时
相关简介	

实战性能

Dash 8-100 为基本型，可载客 36 人，Dash 8-200 为其衍生型，对跑道条件要求低，仅需 800 米即可起飞，适宜在炎热、高海拔地区使用。Dash 8-300 是 Dash 8-100 的加长型，较 100/200 型增长了 3.43 米，载客量增加到 50 ~ 56 座。Dash 8-400 在 Dash 8-300 的基础上再次加长机身，在中段加长 6.3 米，相应地改进了机翼，加强了起落架等，采用了新的动力系统、电子系统，此外还加装庞巴迪独有的噪声和振动抑制系统。

趣味小知识

Dash 8 的平直主翼及大型垂直尾翼提供了良好的低速特性，大量使用高强度铝合金及先进复合材料，不但节省重量而且极为耐久，Dash 8 的机身寿命高达 8 万飞行小时 /6 万次起降 /32 年，远远超过同级竞争机种的平均水平。

加拿大庞巴迪 CRJ-100/200 民航客机

庞巴迪 CRJ-100 和 CRJ-200 是由庞巴迪飞机制造公司设计和制造的同一系列的支线客机。

驾驶舱特写

客舱特写

基本参数	
长度	26.77 米
高度	6.22 米
翼展	21.21 米
重量	13 835 千克
最高速度	860 千米 / 时
相关简介	

研发历史

CRJ-100 客机由“挑战者”喷气式公务机发展而来，机身作了加长，使用两台通用电气 CF34-3A1 高涵道比涡扇发动机，用于支线飞行。1989 年 3 月 31 日获得正式许可证，1991 年 5 月 10 日首飞，1992 年 7 月 31 日获加拿大颁发适航证书，第一架飞机于 1992 年 10 月 29 日交付汉莎城市快运公司，1993 年获欧洲和美国颁发适航证书。CRJ-200 客机于 1995 年推出，改装较大功率的通用电气 CF34-3B1 发动机，1996 年 1 月 15 日开始交付使用。

实战性能

CRJ-100/200 系列一般可容纳 50 名乘客，在最大客运布局下可承载 52 名乘客。CRJ-100/200 系列根据需求按最大起飞重量、航程不同均提供了基本型、延程型（ER）、远程型（LR）供用户选择，对应每个型号如果换装改型发动机，能在高温高原地区进行运营，以提高有效载荷。相应型号也变更为高温高原基本型（B）、延程型（BER）、远程型（BLR）。

趣味小知识

CRJ-200 不仅大量应用于全球各地的支线客货运输，还被多国政府将其作为领导人的专机、全球众多跨国公司购买作为公务机使用。因此，CRJ-200 在国际民航市场上享有“大型公务专机”的美誉。

加拿大庞巴迪 CRJ-700 民航客机

庞巴迪 CRJ-700 民航客机是由庞巴迪飞机制造公司在 CRJ-100/200 系列 50 座双发涡扇支线客机的基础上研制的 68 ~ 75 座双发涡扇系列支线客机。

驾驶舱特写　　客舱特写

基本参数	
长度	32.3 米
高度	7.6 米
翼展	23.2 米
重量	20 069 千克
最高速度	829 千米 / 时
相关简介	

研发历史

庞巴迪飞机制造公司于 1995 年开始进行市场分析和方案论证，1997 年 1 月 CRJ-700 项目正式启动，多家潜在用户参与了该机的方案设计，1998 年完成了发动机选型和低、高速风洞试验，1999 年 5 月 27 日首次飞行，2000 年 12 月 22 日获得加拿大运输部颁发的合格证，2001 年 1 月 26 日获得欧洲航空安全局的型号合格证，随后于同年 2 月 16 日获得美国联邦航空局的型号合格证。第一架生产型飞机于 2001 年 1 月 31 日交付启动用户法国不列特航空公司并投入运营。

实战性能

CRJ-700 是 CRJ-200 的加长型，两者在机体结构和操纵使用方面具有很高的通用性。与 CRJ-200 相比，CRJ-700 的主要特点是：通过在 CRJ-200 中机身的前、后方加入舱段，增大了机身和客舱长度；通过在机翼根部增加插入段，增大了翼展；换装了推力更大的新型发动机；主起落架结构进行了加强，采用新的轮胎和刹车系统，设计寿命提高；每名客人每千米的直接使用成本降低了 20%。

趣味小知识

CRJ-700 的研制费用为 6.45 亿加元，其中 4.4 亿加元由庞巴迪宇航集团承担，剩余的由风险共担伙伴提供。

加拿大庞巴迪 CRJ-900 民航客机

CRJ-900 民航客机是由庞巴迪飞机制造公司研制的 90 座级喷气式支线客机。

研发历史

基本参数	
长度	36.2 米
高度	7.5 米
翼展	24.9 米
重量	21 845 千克
最高速度	871 千米 / 时
相关简介	

为了参与 80-110 座公务机的市场竞争，庞巴迪飞机制造公司在 2000 年 7 月开始研制 CRJ 系列的新机型 CRJ-900。2001 年 2 月 21 日，CRJ-900 首次试飞，2003 年 1 月 30 日交付首位用户美国梅萨航空集团。与 CRJ 其他系列相同，CRJ-900 也为用户提供了基本型、延程型（ER）、远程型（LR）供选择。

实战性能

CRJ-900 基础机型内装间隔 78 厘米的双座，机舱前后均有洗手间。机舱内部留有很大的改装余地。CRJ-900 的强化机翼带有重新设计的小翼，采用 2 台通用电气 CF34-8C5 发动机，可提供 0.83 马赫的巡航速度以及 3 408 千米的最大航程。CRJ-900 还加大了底舱和尾舱，使每位乘客能拥有平均 0.3 立方米的储物位置。

趣味小知识

与 CRJ-200 相比，CRJ-900 地板降低了 2.5 厘米，窗户升高了 10 厘米，以获得更好的采光。

加拿大庞巴迪 CRJ-1000 民航客机

CRJ-1000 民航客机是由庞巴迪飞机制造公司研制的 100 座级喷气式支线客机。

客舱特写

驾驶舱特写

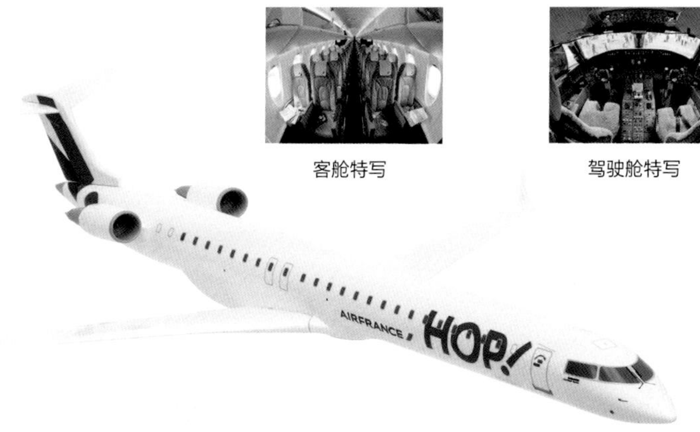

研发历史

基本参数	
长度	39.1 米
高度	7.5 米
翼展	26.2 米
重量	23 188 千克
最高速度	871 千米 / 时
相关简介	

2007 年 2 月 19 日，庞巴迪飞机制造公司开始研发 CRJ-1000 客机，最初代号为 CRJ-900X，以示为 CRJ-900 的加长机型。不列特航空和诺斯特姆航空是 CRJ-1000 的首批客户，意大利 MyAir 航空订购了 15 架 CRJ-900X，后改装为 CRJ-1000，但该航空公司于 2009 年 7 月宣告破产。第一架 CRJ-1000 于 2009 年 7 月 28 日组装完成下线，2010 年第一季度开始试飞。2011 年 1 月，CRJ-1000 正式交付客户。

实战性能

CRJ-1000 客机能够容纳 97 ~ 104 个座位，庞巴迪飞机制造公司宣称其比巴西航空工业公司的 ERJ-190 客机拥有更好的性能，以及更好的燃油利用效率。CRJ-1000 客机的最大起飞重量为 41 640 千克，最大有效载荷重量达 11 975 千克，货舱体积为 19.4 立方米，最大航程为 3 004 千米。

趣味小知识

CRJ-1000 客机采用 2 台通用电气 CF34-8C5A1 发动机，单台推力 60.6 千牛。

加拿大庞巴迪 C 系列民航客机

庞巴迪 C 系列客机是由庞巴迪飞机制造公司研制的 100 座至 149 座级双发窄体客机，现已将控股权售予空中客车公司，并改名为空中客车 A220。

基本参数	
长度	38.7 米
高度	3.7 米
翼展	35.1 米
重量	65 317 千克
最高速度	870 千米 / 时
相关简介	

研发历史

2004 年，庞巴迪宣布将会研发一款比 CRJ 更大的新客机 C 系列，这是庞巴迪首次与波音公司和空中客车公司的窄体客机进行直接竞争。2005 年 4 月，庞巴迪宣布 C 系列的两款型号，分别为 CS100 和 CS300。该机的研发工作一度因为没有订单而中断，庞巴迪甚至转而研发 CRJ-1000。2017 年 10 月，庞巴迪向空中客车公司售予 C 系列项目 50.01% 的控股权，庞巴迪保留 31%，魁北克省则持有 19%；翌年 7 月 10 日，庞巴迪和空中客车公司在图卢兹宣布 C 系列客机改名为空中客车 A220，旗下两种型号 CS100 和 CS300 分别改名为 A220-100 和 A220-300。2016 年，庞巴迪 C 系列（空中客车 A220）正式投入商业运营。

实战性能

与波音 787 客机和空中客车 A350 客机一样，庞巴迪 C 系列（空中客车 A220）客机的机身大量采用复合材料，客舱采用 3+2 座位排列设计，引擎挂在主翼下，类似波音 717 客机和波音 737 客机的结合型。庞巴迪 C 系列（空中客车 A220）客机将会有更大的窗户和行李架，而耗油量和营运成本会比对手分别少 20% 和 15%。

趣味小知识

凭着空中客车的品牌，庞巴迪 C 系列（空中客车 A220）客机立即获取了美国捷蓝航空 60 架订单，加上之前订单，该机待交付数量已经超过 400 架。

瑞典萨博 340 民航客机

萨博 340（SAAB 340）客机是由瑞典萨博公司和美国费尔柴德公司共同研发生产的双发短程涡轮螺旋桨客机。

基本参数	
长度	19.73 米
高度	6.97 米
翼展	21.44 米
重量	8 140 千克
最高速度	467 千米 / 时
相关简介	

研发历史

萨博 340 最初以萨博公司和费尔柴德公司的英文字首为名，称为 SF 340。1983 年 1 月 25 日首次试飞，1984 年 5 月 30 日取得瑞典民航局的机型认证，随后又取得美国的适航证书，首架生产型于 6 月 14 日投入使用。1985 年 11 月，萨博公司取得 SF 340 的完全控制权，并将其更名为萨博 340。

实战性能

萨博 340 的驾驶舱设 2 个驾驶员座椅，1 个观察员座椅，服务员座椅在客舱左前方。客舱内最多可安排 35 座，即每排 3 座，共 11 排，客舱中间有过道，右前方有 2 个面向后方的座椅。客舱左前方的食品间、衣帽间或储藏间是标准设备。客舱后壁是活动的。客舱前后均设厕所。客舱门在机身左前部，向外打开并备有登机梯。乘客座椅下部留有放行李的空间，备有舱顶行李架。客舱之后是主行李舱，左后部有大货舱门。

趣味小知识

萨博 340 采用通用电气 CT7 发动机，配置四叶复合材料螺旋桨，采用类似波音 757 和波音 767 的现代化航电系统。

瑞典萨博 2000 民航客机

萨博 2000（SAAB 2000）客机是由瑞典萨博公司在萨博 340 客机基础上研发的涡轮螺旋桨客机。

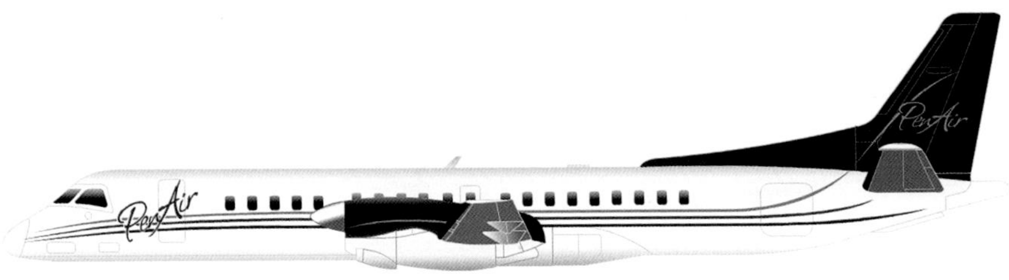

研发历史

随着时代的转变，又小又慢的萨博 340 客机难以与同类机种竞争，于是萨博公司决定开发新机型来取代萨博 340。新机型命名为萨博 2000，原型机在 1992 年 3 月 26 日首飞。首架飞机在 1994 年 9 月 30 日交付给十字航空。然而，萨博 2000 之后的销量一直不佳，最后萨博公司干脆退出民航客机生产市场，改为提供部件给其他大型飞机生产商。

基本参数	
长度	27.28 米
高度	7.73 米
翼展	24.76 米
重量	13 800 千克
最高速度	665 千米 / 时
相关简介	

实战性能

萨博 2000 是萨博 340 的延长版，机身横切面与萨博 340 一样宽 2.16 米，机身延长了 7.55 米，标准载客量为 50 人，最大载客量达 58 人。驾驶舱采用 6 个洛克韦尔·柯林斯 Pro Line 4EFIS 显示器，以全权数位发动机控制系统管理发动机。该机采用 2 台艾里逊 AE 2100P 发动机，配置 6 片扇叶，发动机位置远离客舱，并有 1 个专门的系统来减低客舱噪声。

趣味小知识

萨博 2000 装有美国柯林斯公司的 wxR-840 固态气象雷达系统，还可选装“湍流”探测雷达。

荷兰福克 F27 民航客机

福克 F27 客机是由荷兰福克公司研发的涡轮螺旋桨小型客机。

基本参数	
长度	25.06 米
高度	8.72 米
翼展	29 米
重量	11 204 千克
最高速度	460 千米 / 时
相关简介	

研发历史

福克 F27 的首架原型机于 1955 年 11 月 24 日试飞成功。1956 年 4 月 26 日，美国费尔柴德公司与福克公司签订合同，费尔柴德公司会在美国协助生产 F27，其产品主要在美国销售。费尔柴德 F27 与福克 F27 有些不同，它的载客量达 40 人，且航程较远。许多福克 F27 还被改装为客货两用机或快递专用飞机。

实战性能

福克 F27 最先的生产型号是福克 F27-100，为 44 座客机。其他民用型号包括：福克 F27-200，搭载劳斯莱斯 Dart Mk532 发动机。福克 F27-300 Combiplane，货运型。福克 F27-400，客货两用型，采用劳斯莱斯 Dart 7 发动机。福克 F27-500，机身增长，采用劳斯莱斯 Dart Mk528 发动机，载客量 52 人。福克 F27-500F，供澳大利亚使用的福克 F27-500 改型，缩小登机门。福克 F27-600，基于福克 F27-100 加大货物用登机门。福克 F27-700，基于福克 F27-100 加大货物用登机门。

趣味小知识

福克 F27 民航客机经常被用于区域性或离岛航线等航程较短的路线。

荷兰福克 F28 民航客机

福克 F28 客机是由荷兰福克公司主导研发的双发短程窄体客机。

研发历史

1962 年 4 月，福克公司宣布将与其他几家欧洲飞机制造公司共同研发新机型，荷兰及德国政府也分别提供研究经费，飞机的前、后机身段、机翼及设备等分别在英国、荷兰、德国生产。1967 年 5 月 9 日，组装完成的 F28 客机在阿姆斯特丹机场成功试飞，1969 年 2 月 24 日获得准许证，最早服务于德国 LTU 航空公司。

基本参数	
长度	29.6 米
高度	8.47 米
翼展	25.07 米
重量	17 611 千克
最高速度	808 千米 / 时
相关简介	

实战性能

福克 F28 采用与其他同时代客机如英国 BAC 1-11、美国 DC-9 很接近的形态设计，即采用 T 形尾翼，2 台劳斯莱斯 Spey 550 涡轮风扇发动机。该机包括以下型号：福克 F28-1000，最初生产型。福克 F28-2000，机身加长了 2.2 米，可载乘客 79 名。福克 F28-4000，加长型，可载客 85 名。福克 F28-5000，缩短型。福克 F28-6000，加长型。

趣味小知识

福克 F28 军用型被阿根廷空军、印尼空军、马来西亚空军、荷兰空军、秘鲁空军和菲律宾空军等多支军队采用。

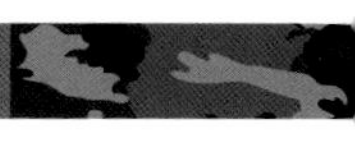

荷兰福克 F50 民航客机

福克 F50 客机是由荷兰福克公司研发的双发涡轮螺旋桨支线客机。

客舱特写

驾驶舱特写

研发历史

福克 F50 客机于 1983 年 11 月底开始研制，1985 年 12 月 28 日首次试飞，1987 年 7 月交付澳大利亚安塞特航空公司使用。按 1993 年币值计算，飞机的单价为 1 230 万美元。之后，福克公司继续发展加长型——福克 F50-200，可乘坐 68 名旅客，1994 年交付使用。

基本参数	
长度	25.25 米
高度	8.32 米
翼展	29 米
重量	12 250 千克
最高速度	530 千米 / 时
相关简介	

实战性能

福克 F50 的外形尺寸与福克 F27 基本相同，采用了福克 F27 的机体设计，但在布局上作了改进，结构也作了修改，如将旅客登机门改到前机身左侧，去掉了大的货舱门，增加了客舱窗户。福克 F50 有 2 名机组人员，标准客舱布局为 50 座，中央过道，每排 4 座，排距 81 厘米；46 座行政机型，排距 86 厘米；56 座旅游型或 58 座高密度型，排距均为 76 厘米。

趣味小知识

福克 F50 装有 2 套霍尼韦尔公司的 EDZ-806 电子飞行仪表系统（配有提供主要飞行和导航信息的阴极射线管显示器）以及为中央多功能显示器准备的空间。

荷兰福克 100 民航客机

福克 100 客机是由荷兰福克公司研制的双发中型窄体客机。

研发历史

基本参数	
长度	35.53 米
高度	8.5 米
翼展	28.08 米
重量	24 541 千克
最高速度	845 千米 / 时
相关简介	

福克 100 的开发相当顺利，两架原型机分别在 1986 年 11 月及 1987 年 2 月成功试飞，1988 年 2 月 29 日第一架生产型交付。虽然福克 100 是一款成功的设计，但福克公司本身却因经营不善而陷入严重的财政困难。1996 年 3 月，福克公司宣布破产，最后一架福克 100 在 1997 年交付，之后关闭了生产线。

实战性能

福克 100 有着比福克 F28 更长的机身，但维持固有经济舱“3+2”的座位布局。设计团队为福克 100 重新设计了后掠翼，驾驶舱也以多功能显示屏玻璃座舱取代了传统的指针式仪表。福克 100 所采用的 2 台发动机置于机身后段，与福克 F28 相同，均为英国劳斯莱斯 Tay Mk. 650-15 涡轮风扇发动机。

趣味小知识

福克 100 采用 ARINC700 系列航空电子设备和彩色阴极射线管显示器，实现了全数字式“玻璃座舱”，体现了 20 世纪 80 年代中期的技术水平。

巴西 EMB-110“先锋”民航客机

EMB-110“先锋”客机是由巴西航空工业公司研制的双发涡轮螺桨轻型运输机。

研发历史

EMB-110客机是根据巴西航空部关于一种能执行运输、导航训练和伤员运输等任务的通用航空飞机的技术要求研制的，是能同时满足民用和军用要求的轻型多用途运输机。该机于1968年10月26日首次试飞，1973年2月9日交付使用。EMB-110客机有多种改型，早期生产型有A、B、C、E(J)、K1、P、P1、P2、P3、S1和EMB-111等，后期主要改型有P1A、P1K、P1KSAR、P2A、P1A/41和P2A/41等。

基本参数	
长度	15.1 米
高度	4.92 米
翼展	15.33 米
重量	3 393 千克
最高速度	341 千米 / 时
相关简介	

实战性能

EMB-110各型号之间的不同之处较多，以P1A型为例，其重大改进包括：为减小振动和噪声，水平尾翼上反角由0度改为10度。升降舵配重移至中心线处，升降舵调整片上加配重，升降舵操纵拉杆改为2套。旅客座椅仅和地板连接，改进了内部隔音衬垫和主客舱门的密封性。改用新型客舱地毯。通风系统进气口移至机头。

趣味小知识

EMB-110“先锋”民航客机采用2台普惠加拿大公司的PT6A-34涡轮螺旋桨发动机，单台功率559千瓦。

巴西 EMB-120“巴西利亚”民航客机

EMB-120“巴西利亚”客机是由巴西航空工业公司研制的双发涡轮螺桨支线客机。

驾驶舱特写

客舱特写

研发历史

基本参数	
长度	20 米
高度	6.35 米
翼展	19.78 米
重量	7 070 千克
最高速度	552 千米 / 时
相关简介	

基于 EMB-110 客机的成功及 30 座支线客机需求的增长，巴西航空工业公司在 1979 年 9 月正式展开 EMB-120“巴西利亚”客机的研发工作。原型机在 1983 年 7 月 27 日首飞，1985 年 10 月投入服务，首个客户是大西洋东南航空。

实战性能

EMB-120 客机采用低翼设计，机身采用半硬壳设计，机翼、襟翼、垂直尾翼、水平尾翼、机鼻和机尾采用少量复合材料构造。EMB-120 客机的特点是价格便宜、机载设备先进、使用维护费用低，曾是国际支线客机市场上的热销产品。客舱采用“2+1”座位排列设计，有舱顶行李架、座舱空调并增压，载客量为 30 人。增压行李舱在客舱后部，左侧有一个大货舱门，可改成全货运型、行政型或军用运输型，最高航程能够达到 1750 千米，被誉为“巴西航空工业最成功的螺旋桨客机”。

趣味小知识

EMB-120 每侧机翼内有 2 个整体油箱，总油量 3340 升，可用油量 3308 升，右机翼外侧下翼面有单点压力加油口，每侧机翼上表面有重力加油点，滑油量 9 升。

巴西 ERJ-145 系列民航客机

ERJ-145 系列客机是由巴西航空工业公司研制的涡扇发动机支线客机，由 50 座的 ERJ-145、37 座的 ERJ-135、44 座的 ERJ-140 组成。

基本参数	
长度	29.87 米
高度	6.76 米
翼展	20.04 米
重量	18 500 千克
最高速度	851 千米 / 时
相关简介	

研发历史

EMB-145于1995年8月首飞，1996年12月交付使用。为补充载客量单一的不足，并进一步完善支线喷气客机系列，巴西航空工业于 1997 年 9 月开始在 ERJ-145 基础上研制生产了较小的 37 座 ERJ-135。1999 年 9 月，巴西航空工业公司又开始研制 44 座的 ERJ-140，2001 年 7 月开始投入运营。

实战性能

ERJ-145 与 EMB-120 有 75% 的零部件通用，不同之处在于 ERJ-145 采用中涵道比涡扇发动机，机翼重新设计并装有翼梢小翼，2 台发动机采用尾吊方式。ERJ-145 的机身横截面也与 EMB-120 相同，但机身有所加长，以适应载客量增加的需要。与 ERJ-145 相比，ERJ-135 和 ERJ-140 的主要改变就是机身长度。

趣味小知识

ERJ-145 采用每排 3 座、排间距 78 厘米的布局，提高了乘客的舒适性，并提供给每位乘客一个走道或者靠窗的座位。除了保护每位乘客的舒适和隐私，每排 3 座的布局减少了登机和离机所需要的时间。

巴西 ERJ-170/175/190/195 民航客机

ERJ-170/175/190/195 系列客机是由巴西航空工业公司面向 21 世纪研发的新型喷气式客机，主要竞争对手为庞巴迪 CRJ 系列。

基本参数	
长度	38.65 米
高度	10.28 米
翼展	28.72 米
重量	28 970 千克
最高速度	890 千米 / 时
相关简介	

研发历史

20 世纪 90 年代，巴西航空工业公司考虑到空中客车公司和波音公司所能提供的机型通常是 100 座级的飞机，从而为 70 ~ 90 座级飞机提供了市场机遇，于是从 1999 年开始研制载客量在 70 ~ 108 座的 ERJ-170/175/190/195 系列支线喷气式客机。ERJ-170/175/190/195 是按系列化概念设计的飞机，提供通用的系统和零件，采用相同的地面保障设备，可以减少用户对备件的需求，驾驶员只需相同的驾驶资格，并可采用标准化的培训和维修程序。2003 年，该系列客机正式投入运营。

实战性能

ERJ-170/175/190/195 四种机型之间具有极高的通用性，可使航空公司节省大量运营和培训成本。此外，四种机型均提供了基本型和延程型两种规格供用户选择。ERJ-170 最高载客量可达 78 人，而且设有两组登机门和前后共两个洗手间以及备餐处。ERJ-175 是在 ERJ-170 基础上研发的 78 座客机，机身长度增加了 1.68 米。ERJ-190 是 ERJ-170 的加长版本，载客量提高至 98 人。ERJ-195 是 ERJ-190 的加长版，载客量达 118 人。

趣味小知识

ERJ-170/175/190/195 系列客机在设计过程中采用虚拟现实辅助设计工作，是世界上第一款以虚拟现实辅助设计工作的客机。

Chapter 03

民用货机

民用货机是指以包机或定期航班的形式专门运输货物的飞机，专门为货运而设计的民用飞机很少，大多数民用货机都是由客机改装而成，很多干线飞机都有专门的货机型号。

美国道格拉斯 DC-10-30F 货机

DC-10 原为道格拉斯公司设计生产的宽体客机，后因销售不畅改为全货机用途。

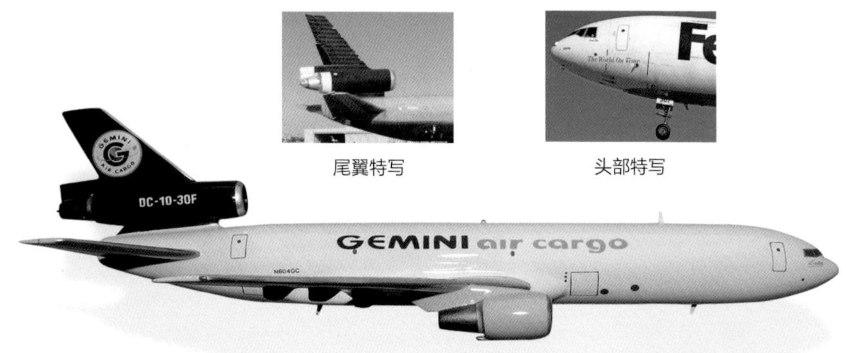

尾翼特写

头部特写

基本参数	
长度	55.5 米
高度	17.7 米
翼展	47.3 米
重量	108 940 千克
最高速度	908 千米 / 时
相关简介	

研发历史

20 世纪 80 年代以后，伴随着石油危机的到来，以及空中客车 A300 的问世，相对耗油的道格拉斯 DC-10 逐渐丧失订单。后来，DC-10 凭借 3 台发动机在最大起飞重量上的优势，被改装成全货机用途，型号为 DC-10-30F。DC-10-30F 于 1986 年 1 月交付使用，共获 9 架订货，于 1988 年 10 月交付完毕。

实战性能

DC-10-30F 机身前部增加了 1 个 3.56 × 2.59 米的大型货舱门，并对机身进行了加强。货舱内可铺设装货滚珠、滚棒系统，装货导轨可调节。DC-10-30F 除不能载客外，其他特点均与 DC-30CF 客货型相同。该机采用 3 台 CF6-50C2 涡扇发动机，载货 80 282 千克，可飞远程国际航线。主货舱可装载 23 个标准集装箱或 51 个小型集装箱，下层货舱可装散装货物，机尾还有小型货舱。

趣味小知识

DC-10-30F 属于纯运输机，不带舷窗，机身中部两侧翼下分别布置有 1 台发动机，机身后部上方也装有 1 台发动机。

美国波音 747-400 LCF 货机

波音 747-400 LCF 货机是由波音公司设计的特殊大型货机，主要用途是运输波音 787 客机的部件去各部门进行组装。

货舱门特写

发动机吊舱特写

研发历史

基本参数	
长度	71.68 米
高度	21.54 米
翼展	64.4 米
重量	180 530 千克
最高速度	878 千米 / 时
相关简介	

波音 747-400 LCF 货机是因应波音 787 客机的生产而衍生出的产品，由波音 747-400 型客机改造而来。早在 2004 年，波音公司就已经完成了波音 747-400 LCF 货机的设计。该机于 2006 年 9 月首次试飞。截至 2019 年，一共生产了 4 架。

实战性能

波音 747-400 LCF 货机是在波音 747-400 客机的基础上改进而来的，除机体上的大幅修改外，机翼设计也有小幅变更。波音 747-400 LCF 的机翼原本仍保持波音 747-400 的形状，但试飞后数据显示装有翼尖小翼会造成不规则扰动，最终波音决定移除翼尖小翼。此外，波音 747-400 LCF 的货舱容量比波音 747-400 大 3 倍（1845 立方米），垂直尾翼增加 1.5 米以提升操纵力，机尾增加了 3 米。与一般大型货机经常采用的“掀罩式”货舱门不同，在装卸货物时波音 747-400 LCF 的货舱门是以横向方式开启，让波音 787 的大型零组件能够简单而迅速地装卸，缩短生产线时间。

趣味小知识

波音 747-400 LCF 采用 4 台涡扇发动机，可选装普惠 PW4062 发动机或通用电气 CF6-80C2B5F 发动机或劳斯莱斯 RB211-524H 发动机。

美国波音 757-200PF 货机

波音 757-200PF 货机是波音 757 系列中的货机型，1987 年 9 月开始交付使用。

基本参数	
长度	47.32 米
高度	13.56 米
翼展	38.05 米
重量	85 300 千克
最高速度	870 千米 / 时
相关简介	

研发历史

波音 757 是波音公司开发的中型单通道窄体民航客机，用于替换波音 727，并在客源较少的航线上作为波音 767 的补充。1983 年，波音 757 开始投入服务。1985 年，美国联合包裹公司（UPS）订购货机版本后，波音公司开始制造货机版波音 757-200PF。除此之外，还有波音 757-200SF 特殊货运型、波音 757-200M 客货混合型。

实战性能

虽然 T 形尾翼拥有风阻小的优点，但因为容易使飞机失速，最终波音 757-200PF 的设计仍使用传统的垂直尾翼。波音 757-200PF 采用劳斯莱斯 RB211 系列发动机，由于采用 2 台高涵道比发动机并实行 2 人驾驶制，与早期采用 3 人驾驶制、装 4 台发动机的标准机身货机相比，波音 757-200PF 货机的使用成本较低。波音 757-200PF 货机最大起飞重量为 113 400 千克，在最大业载的情况下，其航程约为 7 275 千米。

趣味小知识

波音 757-200M 客货混合型，保留了标准客舱和客舱其他设备，货舱与 757-200PF 相同，仅生产 1 架于 1988 年交付尼泊尔航空公司使用。

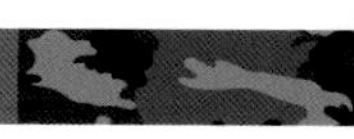

美国波音 767-300F 货机

波音 767-300F 货机是波音 767 系列中的货机型号，1995 年投入使用。

研发历史

虽然波音 767 的机身阔度不足，限制了它在全货机的发展。但在 1993 年，美国联合包裹服务公司（UPS）还是一口气订购了 30 架货运型，即波音 767-300F。该机于 1995 年 6 月首飞，同年 10 月投入运营。其他航空公司也少量购买了 767-300F，包括全日空、智利航空、韩亚航空等。截至 2019 年，波音 767-300F 已收到近百架订单。

基本参数	
长度	54.9 米
高度	5.41 米
翼展	47.6 米
重量	86 180 千克
最高速度	851 千米 / 时
相关简介	

实战性能

波音 767-300F 货机加强了机身中段和起落架，比波音 767-200 加长了 6.43 米，载客能力增加了 20%，货舱容积也增加了 31%。波音 767-300F 采用 2 台涡轮风扇发动机（普惠 JT9D 或通用电气 CF6）、常规尾翼和超临界机翼，有效减少了飞行中的气动阻力。波音 767-300F 货机的主舱货柜容量为 336.5 立方米，底层货舱为 117.5 立方米，在满载 50 吨货物的时候可飞行 6 000 千米。

趣味小知识

波音 767-300F 采用垂直尾翼，机身中部翼下分别布置有 1 台发动机。

美国波音 767-300BCF 货机

波音 767-300BCF 货机是波音公司为了延长波音 767 服务时间而提出的货机改装计划。

基本参数	
长度	61.4 米
高度	5.03 米
翼展	51.82 米
重量	103 872 千克
最高速度	860 千米 / 时
相关简介	

研发历史

由于波音 787 客机投产后，预期会有大量的波音 767 客机被淘汰。为了协助客户处理手上的波音 767 客机，波音公司于 2005 年宣布启动“波音 767-300 改装货机”计划，即波音 767-300BCF。波音公司于 2005 年 11 月 1 日宣布全日空为首家波音 767-300BCF 客户，签约改装 3 架波音 767-300 型客机，并保留 4 架选择权。第一架波音 767-300BCF 于 2008 年年初交付使用。

实战性能

波音 767-300BCF 由现有的波音 767 客机改装而来，机身左侧前方将加开一道货舱门，地板及机身结构被加强，加设货物搬运系统、地面嵌板、货舱轨道、墙壁及天花板布置等。改装后的波音 767-300BCF 拥有 54 吨的载重量及 5 390 千米的最大航程，等同于一架波音 767-300F 货机。

趣味小知识

2016 年 1 月，顺丰集团购买的国内首架波音 767-300BCF 货机抵达深圳，从而使得顺丰速运成为国内第一家拥有这种全新宽体全货机的快递公司。

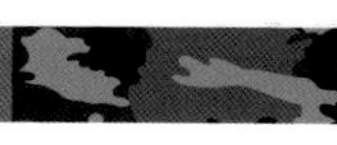

美国波音 777F 货机

波音 777F 货机是波音 777 系列中的全货运型号，由波音 777-200LR 客机衍生而来。

基本参数	
长度	63.73 米
高度	18.6 米
翼展	64.8 米
重量	347 815 千克
最高速度	945 千米 / 时
相关简介	

研发历史

21 世纪初，波音公司想要研发新型货机取代老式的波音 747-400F 货机与 MD-11F 货机。此外，由于波音 777-200LR 的销售情况不乐观，发展货机正好可以使用一些为波音 777-200LR 研发的技术。2005 年 5 月 24 日，波音 777F 项目正式启动。波音公司在波音 777-200LR 的基础上进行设计，采用通用电气 GE90-110B1L 发动机。波音 777F 首个客户是在 2005 年订货的法国航空。2010 年，波音 777F 通过了欧洲航空安全局的正式审批。

实战性能

波音 777F 货机具有较好的经济性，有很大的货物容积和非常高的推重比。机翼特别大，有助于减少翼载荷。波音 777F 的载荷可以达到 103.9 吨，而体积较大的波音 747-400F 可载 124 吨。由于波音 777F 主要目的是尽量增加载重，所以放弃了额外的机身油箱，因此波音 777F 的续航距离不能与波音 777-200LR 相比，但满载航程还是可以达到 9 195 千米。

趣味小知识

波音 777F 货机的噪声水平满足 QC2 标准，可以在诸多噪声敏感机场起降，为最大限度地出入对噪声要求比较严格的国际机场打下了基础。

欧洲空中客车 A300-600F 货机

空中客车 A300-600F 货机是欧洲空中客车公司 A300 系列中的货机型号。

研发历史

基本参数	
长度	54.1 米
高度	16.54 米
翼展	44.84 米
重量	90 900 千克
最高速度	800 千米 / 时
相关简介	

空中客车 A300 是世界上第一架双发宽体客机，也是空中客车公司第一款投入生产的客机。空中客车公司凭借 A300 的名声，以其为基础发展出了 A310、A330 及 A340 等众多型号的客机。之后，空中客车公司开始向货机进军，以 A300-600 客机为基础研发了 A300-600F 货机，1994 年投入运营。

实战性能

A300-600F 货机的驾驶舱由 A300 客机的 3 人控制改为 2 人控制，机身相比 A300 客机来说有所缩短，并且改用新设计的高长宽比机翼，缩小尾翼尺寸。驾驶舱主仪表板上有 6 个彩色多功能显示器，4 个用于电子飞行仪表系统，2 个用于发动机性能参数显示。该机装有一套数字化自动飞行操纵系统和一套 ARINC717 数据记录系统，自动着陆系统可提供 II 类气象条件下自动进场和着陆。

趣味小知识

A300-600F 货机的发动机通常为通用电气公司的 CF6-80 发动机，或者普惠公司的 PW4000 发动机。

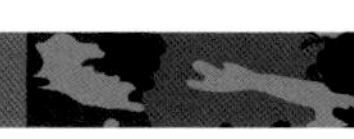

欧洲空中客车 A300-600ST 货机

空中客车 A300-600ST“大白鲸”货机是空中客车公司用来运送新造飞机半成品的特殊用途货机，是以 A300-600R 客机作为基础进一步开发，经过大幅度的修改而成。

掀罩式机首特写

头部特写

基本参数	
长度	56.15 米
高度	17.24 米
翼展	44.84 米
重量	86 000 千克
最大航程	4 632 千米
相关简介	

研发历史

空中客车公司是一个多国合组的公司，该公司研发的新型飞机的部件，都是分散在各国分厂中，要将这些部件全部运输到总厂，才能进行组装。从 20 世纪 70 年代创始以来，空中客车公司一直想解决部件运输带来的问题。1991 年，空中客车公司在 A300-600R 客机的基础上研发新型运输机

A300-600ST。1992 年，一号机开始组装。虽然最初 A300-600ST 被定义为 A300-600R 的衍生机，但 A300-600ST 几乎可以认为是一架全新设计的飞机。1994 年 9 月，第一架 A300-600ST 首飞。1995 年 10 月，A300-600ST 开始运输飞机部件。

实战性能

A300-600ST 拥有一个圆筒状上段机身，为了配合机身加大后造成的空气力学改变，原本 A300-600R 客机的垂直尾翼与水平尾翼都加大了面积，并且在水平尾翼末端增加两个垂直小翼来提升飞行时的稳定性。为了方便大型货物的进出，A300-600ST 采用大型货机常用的掀罩式机首。此外，A300-600ST 的驾驶舱下移了许多，变成一个很奇特的“尖鼻”模样。A300-600ST 拥有容积超大的货舱，其 1 400 立方米的货舱中最多可以装载 47 吨的业载，不经停飞行 1 666 千米。此外，还能在搭载 31 吨沉重业载的情况下飞越大西洋。

空中客车 A300-600ST 货机在高空飞行

趣味小知识

由于货舱容积超大，A300-600ST 货机一直服务于航空航天、军事和其他超大型货运市场，运送各种各样的货物。

欧洲空中客车 A330-200F 货机

空中客车 A330-200F 货机是欧洲空中客车公司 A330 系列中的全货机型号。

研发历史

基本参数	
长度	58.8 米
高度	16.9 米
翼展	60.3 米
重量	109 000 千克
最高速度	871 千米 / 时
相关简介	

空中客车 A330-200F 货机是空中客车 A330 系列飞机家族的新成员，主要用于替换 50 ~ 70 吨级的老旧中型货机，还可以帮助航空公司增加在一些低频远程货运市场的运输能力。与标准的 A330-200 客机相比，A330-200F 货机换装了新型的大尺寸前起落架，起落架舱为此也进行了重新设计。A330-200F 货机于 2009 年 11 月 5 日在图卢兹首飞，2010 年 4 月 9 日获得欧洲航空安全局的型号认证。

实战性能

A330-200F 货机可以在主货舱并排安装 23 个货盘，或者采用其他布局方式，例如单排安装 16 个货盘、9 个 AMA 集装箱，同时下层货舱还可以安装 8 个下层货舱货盘和 2 个 LD3 集装箱。A330-200F 在选用航程模式时，航程可达 7 400 千米，可以运载 69 吨货物。在选用业载模式时，可以运载 70 吨货物，航程可达 5 930 千米。与竞争机型相比，A330-200F 拥有更好的布局灵活性，航程更远，运载货物更多。

趣味小知识

A330-200F 货机的尺寸介于波音 767-300F 货机与波音 777F 货机之间。

欧洲空中客车 A330-743L 货机

空中客车 A330-743L“超级大白鲸”是由欧洲空中客车公司研发的用于运送飞机大型半成品的特殊用途货机。

掀罩式机首特写

机首驾驶舱特写

基本参数	
长度	63.1 米
高度	18.9 米
翼展	60.3 米
重量	127 500 千克
巡航速度	737 千米 / 时
相关简介	

研发历史

从 2013 年起，面对空中客车公司的产能增长，原有的 5 架空中客车 A300-600ST 货机已经无法负担所有的需求。经评估安东诺夫安 -124 和安 -225、波音 C-17 和 747-400 LCF，以及自家的 A400M 后，空中客车公司决定自行设计一款新型货机。该项目于 2014 年 11 月启动，将建造 5 架新货机以替换现有的 5 架 A300-600ST 货机，新货机的设计于 2016 年 9 月 16 日对外公布，2018 年 7 月 19 日进行首次飞行，计划在 2019 年内投入服务。

实战性能

A330-743L 货机将比 A300-600ST 货机加长 6 米、加宽 1 米，能够多承载 4 吨有效载荷。因为重心设计之故，该机的前段机身是基于 A330-200 客机，而后段则基于 A330-300 客机，并使用 A330-200F 货机的加强型地板及结构。移除上半部机身后，A330 的机翼、主起落架、中段及后半部机身构成的底部平台及系统，使用加强金属结构。在上下半部接合处，使用了 8 000 个新部件。

趣味小知识

作为 A300-600ST“大白鲸”的后续机种，A330-743L“超级大白鲸”也具有巨大的机身上半部与造型独特的机首驾驶舱。

Chapter 04

公 务 机

公务机是在行政事务和商务活动中用作交通工具的飞机，也称行政机或商务飞机。公务机一般为 9 吨以下的小型飞机，可乘 4 人至 10 人。

美国塞斯纳 170 公务机

塞斯纳 170 公务机是由美国塞斯纳飞机公司早期设计生产的单发 4 座小型飞机，通常作为私人飞机使用。

头部特写

驾驶舱特写

研发历史

基本参数	
长度	7.61 米
高度	2.01 米
翼展	10.97 米
重量	547 千克
最高速度	230 千米 / 时
相关简介	

塞斯纳飞机公司（Cessna Aircraft Company）成立于 1927 年，是世界上设计与制造轻中型公务机、涡轮螺旋桨飞机及单发活塞式飞机的主要厂商。塞斯纳 170 是该公司早期的经典之作，1948 年投入使用，在 1948-1956 年生产数量达 5 174 架。20 世纪 50 年代中期，塞斯纳 170 被塞斯纳 172 取代，而且早期的塞斯纳 172 都是以塞斯纳 170 为蓝本，除了在起落架及垂直尾翼上有所修改外，设计大致上都一样。

实战性能

早期的塞斯纳 170 采用金属制成的机身、尾翼和高单翼，配备欧陆 O-300 发动机。1952 年投产的塞斯纳 170B 是塞斯纳 170 系列最重要的型号，该型号拥有全新的机翼，最大襟翼角度增加至 40 度，翼轮有小幅修改，增加了后窗的面积，加长了发动机的护罩。

趣味小知识

塞斯纳 170 和塞斯纳 172 是历史上制造数量最多的轻型飞机。塞斯纳的广告宣称其产品训练出了比其他任何公司都多的飞行员。

美国塞斯纳 336/337“天空大师”公务机

塞斯纳 336/337“天空大师”飞机是由美国塞斯纳飞机公司研制的系列民用飞机，采用独特的双反轴螺旋桨，民用市场外销多国。

研发历史

基本参数	
长度	9.07 米
高度	2.84 米
翼展	11.58 米
重量	1 204 千克
最高速度	320 千米 / 时
相关简介	

塞斯纳 336/337“天空大师”系列于 20 世纪 50 年代开始设计，1961 年开始筹划量产塞斯纳 336，1965 年较大的塞斯纳 337 上线，之后 20 年间推出多种改型，最终共计销售出 2993 架民用版和 500 多架军用 O-2 版侦察机。塞斯纳 336/337 系列飞机有便宜可靠的口碑，所以不少预算吃紧的国家也当成军用小运输机和侦察机使用。

实战性能

与塞斯纳以往的小型飞机不同，塞斯纳 336/337 采用了非常规的双尾撑布局，机翼采用的是平直翼。双尾撑布局的优点为机体结构稳定，飞机可靠性高，并且增大机舱空间，便于布置货仓。塞斯纳 336/337 发动机的位置可谓独树一帜，螺旋桨在机身一前一后，也就是同时装备了拉进式螺旋桨和推进式螺旋桨。2 台发动机都装备了大陆 IO-360-C 航空活塞发动机，单台功率为 157 千瓦。

趣味小知识

塞斯纳 336/337 拥有 320 千米 / 时的最大飞行速度，以及 1 553 千米的最大航程，这一性能在当时非常优异。再加上价格低廉，可靠性高，所以广受好评。

美国塞斯纳 500/550/650“奖状”公务机

塞斯纳 500/550/650“奖状”系列是由美国塞斯纳飞机公司研制生产的中小型喷气式公务机，也是多用途的通用飞机。

客舱特写

驾驶舱特写

基本参数	
长度	16.9 米
高度	5.12 米
翼展	16.31 米
重量	5 316 千克
最高速度	881 千米 / 时
相关简介	

研发历史

20 世纪 60 年代末，此前一直致力于螺旋桨飞机的塞斯纳飞机公司开始研制喷气式公务机。1969 年，首款塞斯纳 500 喷气式公务机首飞，随后更名为“奖状Ⅰ”，1971 年年底开始交付使用。在塞斯纳 500“奖状Ⅰ”系列获得市场认可，并获得大量订货后，塞斯纳飞机公司开始研制更大容量的塞斯纳 550“奖状Ⅱ”系列，1977 年 1 月首飞。20 世纪 70 年代末，塞斯纳飞机公司开始研制全新的塞斯纳 650 系列，开拓高端公务机市场，先后生产了“奖状Ⅲ”“奖状Ⅵ”“奖状Ⅶ”三款该系列的产品。此后，“奖状”家族仍然不断改进。

实战性能

塞斯纳 500 在机身尾部两侧安装吊舱式发动机，型号为普惠 JT15D-1A 涡轮风扇发动机。塞斯纳 550 的机身加长 1.14 米，翼展也加长，座位数增加到 10 个，航程和巡航速度也有所提高，换装推力更大的普惠 JT15D4 发动机。塞斯纳 650 在外形上与早期“奖状”有较大的区别，采用后掠式机翼，T 形尾翼，翼展、机身均进行加长设计，安装加雷特 TFE731 涡轮风扇发动机。

趣味小知识

塞斯纳 550“奖状Ⅱ”飞机还被美国海军采用，军用编号为 T-47A。

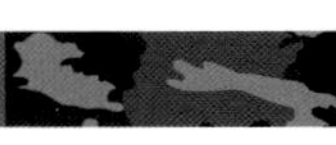

美国豪客 800 公务机

豪客 800(Hawker 800)公务机是由美国豪客比奇公司生产的中型喷气式公务机。

客舱特写

驾驶舱特写

基本参数	
长度	15.6 米
高度	5.5 米
翼展	16.5 米
重量	7 108 千克
最高速度	830 千米 / 时
相关简介	

研发历史

豪客 800 公务机的诞生可以追溯到英国德 • 哈维兰公司研制的德 • 哈维兰 125 型公务机。英国宇航公司对其进行了改进，并更名为 BAe 125-700 公务机。之后，又推出了 BAe 125-800 公务机。1993 年，英国宇航公司将喷气式公务机部门出售给美国雷神飞机公司，BAe 125-800 公务机更名为豪客 800 公务机。2007 年 3 月，雷神飞机公司被高盛资本收购，更名为豪客比奇公司。自此，豪客 800 系列公务机改由豪客比奇公司生产。该机有豪客 800、豪客 800XP、豪客 800XPi、豪客 850XP 和豪客 900XP 等多种型号。

实战性能

豪客 800 公务机的客舱长 6.5 米，宽 1.83 米，高 1.75 米，内饰较为精美，座椅舒适度较高。该机保留了传统豪客飞机“满油、满座、满载”的能力，在典型的乘客 / 行李负荷下，有着较高的航程和较大的商载。豪客 800 公务机有 2 名机组人员，正常情况下搭载 8 名乘客，特殊情况下最多可搭载 13 名乘客。该机的客舱容量较大，这意味着乘客有更多的头部和脚部空间。在最大起飞重量、海平面、标准大气压条件下，豪客 800 公务机的起飞距离为 1534 米。

美国豪客 4000 公务机

豪客 4000（Hawker 4000）公务机是美国豪客比奇公司研制的超中型喷气式公务机，是豪客系列公务机的旗舰机型。

客舱特写

驾驶舱特写

研发历史

基本参数	
长度	21.08 米
高度	5.97 米
翼展	18.82 米
重量	10 104 千克
最高速度	893 千米 / 时
相关简介	

豪客 4000 公务机原名“豪客地平线”（Hawker Horizon），2001 年首次试飞。该机以先进的后掠翼设计、复合材料机身和划时代的航空电子设备，在公务机领域确立了一种全新的“超中型”级别。2008 年 6 月 6 日，豪客 4000 公务机取得美国联邦航空局合格证，成为世界上第一架取得美国联邦航空局合格证的复合材料超中型公务机。2008 年 9 月，因其卓越的性能和悠久的品牌，豪客 4000 公务机

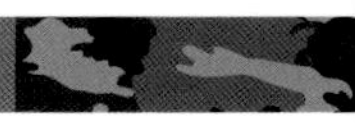

被美国《罗博报告》杂志评为年度“极品之选”品牌之一。按 2012 年币值，每架豪客 4000 公务机的造价为 2291 万美元。

实战性能

豪客 4000 公务机的机身采用全复合材料，这种材料比铝的重量更轻，强度更高，并具有出色的空气动力特性，以及高度抗疲劳和抗腐蚀性。该机的客舱高 1.83 米、宽 1.97 米。平整的地板贯穿整个客舱，通向容积为 2.51 立方米的行李舱，行李舱在飞行中和在地面上均可自由出入。豪客 4000 公务机有 2 名机组人员，正常情况下搭载 8 名乘客，特殊情况下最多可搭载 14 名乘客。在最大起飞重量条件下，豪客 4000 公务机可以在 20 分钟内从海平面直接爬升至 12497 米高度。

豪客 4000 公务机在高空飞行

趣味小知识

由于装备了双套惯性导航系统、双套空气循环机和标准装备液压驱动的备用发电机，豪客 4000 公务机非常适合进行长航程的本土和洲际旅行。

美国“空中国王 350”公务机

“空中国王 350”（King Air 350）公务机是美国豪客比奇“空中国王”系列公务机的旗舰机型。

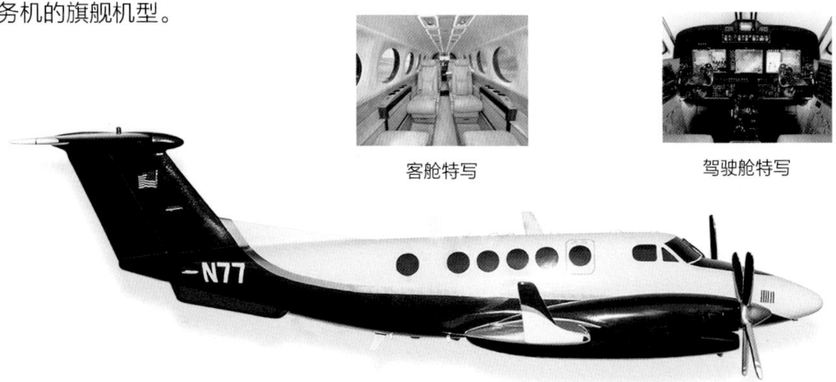

客舱特写

驾驶舱特写

研发历史

基本参数	
长度	13.34 米
高度	4.57 米
翼展	16.61 米
重量	3 520 千克
最高速度	545 千米 / 时
相关简介	

“空中国王”系列公务机自 1964 年问世以来，陆续出现 90、100、101、120、200 和 300 等多种型号，共有 6200 多架交付到世界 94 个国家，“空中国王”系列公务机在同级别飞机市场所占的份额高达 90%。“空中国王 350” 公务机是“空中国王”系列公务机最新的改进型，于 2008 年投入使用。

实战性能

“空中国王 350”公务机的双套中央俱乐部式豪华客舱可以坐满 8 名乘客，油箱可携带足够飞行 2400 千米的燃油，同级别机型中最大的加温加压行李区可装载 520 千克的行李。省油可靠的普惠加拿大公司 PT6-60A 发动机、福勒襟翼和皮实的双轮胎主起落架，赋予了“空中国王 350”出色的短距起降性能，使它可以在短至 1 005 米的跑道上以最大重量起降。

趣味小知识

“空中国王 350”公务机的客舱堪称舒适性、便利性和艺术性的杰作。它为乘客提供了更多的头部、肩部及下肢活动空间。每个座椅都可以前、后、侧向滑动，椅背的倾斜度可以平滑地调节。

美国“首相 IA”公务机

“首相 IA”(Premier IA) 公务机是由美国豪客比奇公司研制的轻型喷气式公务机，被誉为“世界上最快、最先进的可单飞式公务机”。

基本参数	
长度	14.02 米
高度	4.67 米
翼展	13.56 米
重量	3 627 千克
最高速度	854 千米 / 时
相关简介	

研发历史

“首相 IA”公务机是历史悠久的比奇“首相 I”公务机（1998 年首飞）的改进型，2005 年取得 FAA 认证，其卓越的性能、舒适度和经济性在行业内有口皆碑。“首相 IA”公务机曾在 1 小时 44 分钟的时间从华盛顿飞抵西雅图，打破美国塞斯纳公司“奖状”公务机创下的纪录。

实战性能

“首相 IA”公务机采用全复合材料机身，有着优异的结构强度、效率和更高的抗疲劳和耐腐蚀性。该机满载时可搭乘 6 名乘客，搭乘 4 名乘客时的航程达 2095 千米，能够满足大多数国内旅行的需要。它的经济性比大型公务机要好得多，每小时的直接运行成本仅为 975 美元。拥有轻型喷气式飞机的经济性的同时，“首相 IA”公务机也拥有大型喷气式飞机的性能和品质。它拥有同级别公务机最大的客舱，比竞争对手大近 30%。

趣味小知识

因为优异的性能和口碑，“首相 IA”于 2008 年 12 月被追求速度和效率的纳斯卡全美赛车冠军、来自堪萨斯州的克林特•鲍耶尔选为自己的空中座驾。

美国格鲁曼 G159 公务机

格鲁曼 G159 公务机是由美国格鲁曼公司研发生产的涡桨公务机，也被称为“湾流 I”（Gulfstream I），一共生产了 200 架。

研发历史

基本参数	
长度	19.43 米
高度	6.93 米
翼展	23.93 米
重量	9 934 千克
最高速度	560 千米 / 时
相关简介	

20 世纪 50 年，美国格鲁曼公司打算进入公务机市场。最初设计师准备以自主研发生产的 G-44“野鸭”水上飞机为蓝本来设计公务机，但这种想法被格鲁曼公司高层否定，原因是设计不够创新，无法打开市场。之后，设计师以 TF-1“商人”运输机为基础来设计新型公务机。1957 年，新型公务机面世，当时给予代号为 G159，但是这种公务机销量不佳。之后，格鲁曼根据客户反馈的意见对其进行了改进。改进后的 G159 公务机被命名为“湾流 I”，于 1958 年 8 月完成了首飞，次年 5 月获得美国联邦航空管理局许可证。

实战性能

G159 公务机由 2 台配有四叶衡速螺旋桨的劳斯莱斯“标枪”涡轮螺旋桨发动机提供动力，加装伸缩式三轮起落架。客舱设计有 8~24 个座位（密度较高），不过 10~12 个座位最为常见。该机舱室前部加装水压空中旋梯，用于人员进出。

趣味小知识

20 世纪 80 年代，美国陆军购买了二手的 G159 公务机作为要员运输机。

美国湾流 G200 公务机

湾流 G200（Gulfstream G200）公务机是由美国湾流飞机公司生产的超中型公务机，也是目前世界上最豪华的公务机之一。

驾驶舱特写

客舱特写

基本参数	
长度	18.97 米
高度	6.53 米
翼展	17.7 米
重量	8 709 千克
最高速度	900 千米 / 时
相关简介	

研发历史

1958 年，美国格鲁曼公司推出专为商务应用设计的第一架公务机，即湾流 I 公务机。1966 年，湾流 II 公务机出厂，占领了大型座舱公务机市场。1973 年，阿伦·保尔森以 200 万美元的价格从格鲁曼公司购买了“湾流”飞机的生产线并接管了“湾流”各项计划，湾流飞机公司正式诞生。随后，湾流飞机公司先后研制生产了湾流Ⅲ、湾流Ⅳ、湾流Ⅴ，以及湾流 G100、湾流 G200 等机型，扩大了湾流公务机的规模。其中，湾流 G200 公务机于 1997 年 12 月首次试飞，1999 年开始服役。

实战性能

湾流 G200 公务机的客舱可容纳 8 名至 10 名乘客，即使身材高大的乘客也可以轻松穿梭于舱内。该机有 3 种布局方式，公务 8 人（Executive 8）布局可以乘载 8 名乘客，通过一前一后两组 4 座俱乐部式座椅组合为乘客带来最大的活动空间和行李存储空间。大众 9 人（Universal 9）布局可以乘载 9 名乘客，带有面向前方的 4 座俱乐部式座椅组合。后座组合是一对面对面的 2 座座椅和一个 3 座的无靠背长沙发椅。经典 10 人（Hallmark 10）布局可以乘载 10 名乘客，机舱前部是面向前方的 4 座俱乐部式座椅组合，机舱后部是 4 座会议座椅组合和一个无靠背的 2 座沙发椅。

美国湾流 G280 公务机

湾流 G280（Gulfstream G280）公务机是由美国湾流飞机公司生产的超中型喷气式公务机。

客舱特写

驾驶舱特写

研发历史

基本参数	
长度	20.3 米
高度	6.5 米
翼展	19.2 米
重量	10 954 千克
最高速度	1 029 千米 / 时
相关简介	

湾流 G280 公务机是湾流 G200 公务机的改进型，继承了湾流公务机的良好传统，集优越的性能、舒适度、安全性和性价比于一身。湾流 G280 公务机最初称为湾流 G250 公务机，湾流飞机公司于 2008 年 10 月正式对外公布研发计划，原型机于 2009 年 12 月首次试飞。2011 年 7 月，更名为湾流 G280 公务机。2012 年 9 月，湾流 G280 公务机取得美国联邦航空局合格证。

实战性能

湾流 G280 公务机在湾流 G200 公务机的基础上进行了较大的改进设计，开始采用湾流机型常见的 T 形尾翼，加大、加宽机身，改善客舱舒适度，并选用高性能涡轮风扇发动机。湾流 G280 公务机配备了带有真空功能的洗手间，这不仅减少水资源的浪费，更能大幅度降低异味。湾流 G280 公务机的客舱空间较大，有公务 8 人、大众 9 人和经典 10 人三种布局方式。舱内的空气净化系统能为乘客带来新鲜的空气，而 19 扇大型舷窗为乘客的舱内办公和休闲带来充足的阳光。

美国湾流 G650 公务机

湾流 G650（Gulfstream G650）公务机是由美国湾流飞机公司生产的喷气式公务机。

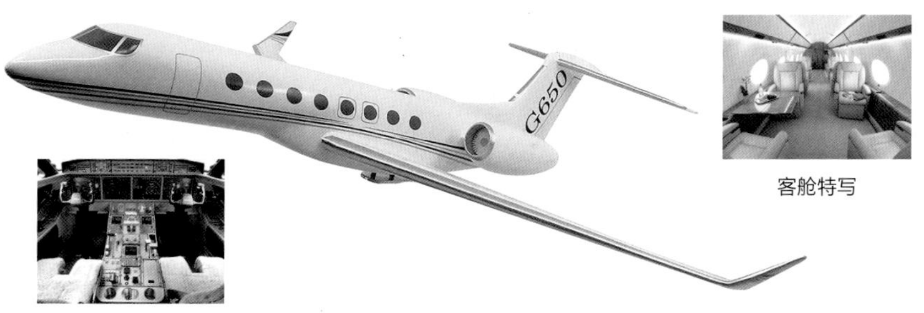

客舱特写

驾驶舱特写

研发历史

基本参数	
长度	30.41 米
高度	7.72 米
翼展	30.36 米
重量	27 442 千克
最高速度	982 千米 / 时
相关简介	

湾流飞机公司于 2005 年 5 月展开湾流 G650 公务机的研制计划，2008 年 3 月首次向公众披露，并在媒体会上称湾流 G650 公务机是湾流飞机公司最大、最快也是最贵的公务机。2009 年 11 月 25 日，湾流 G650 公务机首次试飞。2011 年 4 月，一架湾流 G650 公务机在测试中坠毁，于是所有湾流 G650 公务机被迫停飞。直至同年 5 月 28 日，结果查明并非飞机本身原因导致飞机坠毁才又开放测试。2012 年 9 月，湾流 G650 公务机取得了美国联邦航空管理局签发的飞行许可。

实战性能

湾流 G650 公务机的飞行速度和航程在同级别飞机中名列前茅，能够从芝加哥直飞上海，从洛杉矶直飞悉尼，或者从纽约直飞迪拜而途中不需要降落加油。此外，该机的重量较轻，能避开繁忙的大型机场，在小型机场降落，以节约客户的时间。湾流 G650 公务机有 2 名机组人员，客舱空间较同类飞机更长、更宽，可同时容纳 18 名乘客。该机配备了厨房和独立通风的洗手间，舱内气压适宜，即使在高空中，乘客感觉也会相当舒适。

趣味小知识

湾流 G650 公务机还有多种娱乐设计，包括卫星电话、无线互联网等，为乘客提供了丰富多彩的飞行环境。

美国 PA-31 公务机

PA-31 是由美国派珀飞机公司研制的多用途飞机，可作公务机或支线客机使用。

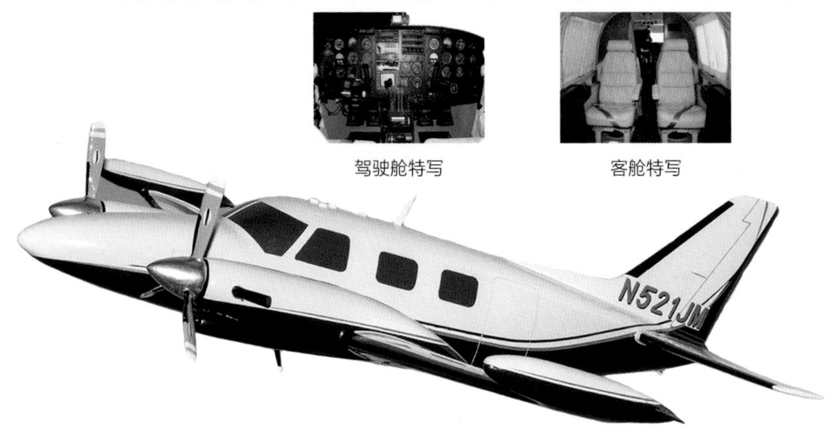

驾驶舱特写　　客舱特写

研发历史

基本参数	
长度	10.55 米
高度	3.96 米
翼展	12.4 米
重量	1 915 千克
最高速度	320 千米 / 时
相关简介	

PA-31 于 1964 年 9 月 30 日首次飞行，1967 年 4 月 17 日开始交付使用。该机装 2 台活塞式发动机，载 6 ~ 9 人，是有多种改型的飞机系列。PA-31 系列飞机截至 1984 年停产，共交付了 3 942 架。芬兰和洪都拉斯等国空军也装备了 PA-31。

实战性能

PA-31 系列飞机采用悬臂式下单翼，全金属结构。机翼在中心线处由厚钢板对接，主梁前由埋头平铆钉铆接，在机身与发动机短舱之间的翼根部分的前缘向前延伸，玻璃钢翼尖，补偿副翼与方向舵联动，右副翼有配平调整片，电操纵襟翼，可选装气囊式除冰系统。机身为全金属半硬壳式结构。尾翼采用悬臂式全金属结构，垂尾带后掠，方向舵和右升降舵有配平调整片，可选装气囊式除冰系统。

趣味小知识

PA-31 公务机的绰号为“纳瓦霍人”（Navajo）。纳瓦霍人是美国印第安居民集团中人数最多的一支，20 世纪晚期约有 17 万人。

美国日蚀 500 公务机

日蚀 500（Eclipse 500）公务机是由美国日蚀航空公司研发的世界上第一架获得美国联邦航空局认证的微型喷气式飞机。

基本参数	
长度	10.1 米
高度	3.4 米
翼展	11.4 米
重量	1 610 千克
最高速度	685 千米 / 时
相关简介	

研发历史

日蚀 500 公务机于 1999 年 6 月开始研制，2002 年 8 月 26 日首次试飞，动力装置是威廉姆斯发动机。2003 年换装普惠加拿大公司的 PW610F 发动机，于 2004 年 12 月 31 日首次试飞。日蚀 500 公务机是目前经济性较佳的高性能双发喷气式飞机，自 2006 年上市以来已经累积售出了超过 260 架。

实战性能

日蚀 500 公务机是一种小型的双发涡轮喷气式飞机，包括机师在内，可以装载 6 人。它在设计上面临了一个重大的挑战—在体积很小的情况下保证性能卓越以及大型飞机般的舒适性。日蚀 500 公务机借鉴了汽车的设计理念，在外部和内部采用了统一的风格。该机具有高度机械化、高度自动化、构造合理的特点，就像一副成套的工具箱。它装配内部只需要 2 个小时（传统喷气机需要 3~6 周），而整架飞机的装配，平均也只要 4 天（传统喷气机需要 3 个月）。

趣味小知识

日蚀 500 公务机的售价在 100 万美元以下，比起目前私人飞机市场上约 400 万美元的价格具有革命性的竞争力。日蚀 500 的价格优势来自发动机和电子器件的生产技术革新。

美国 SR22 公务机

SR22 公务机是由美国西锐飞机公司设计生产的小型飞机，号称“空中宝马”，是全球最为畅销的小型飞机之一。

头部特写

驾驶舱特写

基本参数	
长度	7.9 米
高度	2.6 米
翼展	11.7 米
重量	1 009 千克
最高速度	339 千米 / 时
相关简介	

研发历史

SR22 公务机于 2000 年获得 FAA 的型号许可证。从 SR22 问世至今，西锐公司始终坚持改进，虽然最新版 SR22 公务机的外形与 2001 年首次推出时看起来没有特别大的变化，但事实上西锐公司在过去十多年里几乎将飞机的每一处都做了升级。如今的 SR22 公务机凭借其可靠的机身结构、卓越的航空电子系统、优秀的安全性能已经演变成为世界上最受欢迎的高性能活塞飞机。

实战性能

SR22 公务机的最大亮点是装备了“西锐整机降落伞系统”。一旦出现特殊情况，打开降落伞，飞机可以安然着陆，舱内人员不用跳伞。SR22 公务机可以在 200 米低空飞，也可以飞越 8 000 米的高空，最远飞行距离达 2 000 千米。

趣味小知识

SR22 公务机出厂价约 60 万美元（约 400 万 ~ 500 万人民币），被认为是性价比较高的飞机。

法国猎鹰 900 公务机

猎鹰 900（Falcon 900）公务机是由法国达索公司研制的喷气式公务机，其设计源自猎鹰 50 公务机。

舱门特写　　驾驶舱特写

基本参数	
长度	20.21 米
高度	7.55 米
翼展	19.33 米
重量	10 255 千克
最高速度	1 066 千米 / 时
相关简介	

研发历史

1983 年 5 月，法国达索公司在巴黎航展宣布要改进猎鹰 50 公务机，改进后的机型被命名为猎鹰 900 公务机。1984 年 9 月 21 日，猎鹰 900 公务机首次试飞，1986 年 3 月获得法国和美国的适航证书，1986 年 12 月开始交付使用。

实战性能

猎鹰 900 公务机在研制过程中应用了计算机辅助设计与制造技术，机身为全金属半硬壳式结构，大量采用碳纤维和“凯芙拉”复合材料。机翼采用悬臂式下单翼，常规轻合金双梁抗扭盒形结构。尾翼为悬臂式结构，平尾安装在垂尾中部，带下反角。方向舵下部的垂尾后缘部分及机身尾锥由芳纶材料制成，其余为全金属结构。猎鹰 900 公务机有 2 名机组人员，客舱最多可以搭载 19 名乘客。该机具有 7 400 千米的续航能力，可从纽约直飞莫斯科，利雅得直飞北京，东京直飞西雅图。

趣味小知识

猎鹰 900 公务机配备了先进的 EASy 飞航控制系统、霍尼韦尔“普里默斯”航空电子系统和自动油门，并可选装抬头动态航机导引系统。

法国猎鹰 2000 公务机

猎鹰 2000(Falcon 2000)公务机是由法国达索公司制造的双发远程宽体公务机。

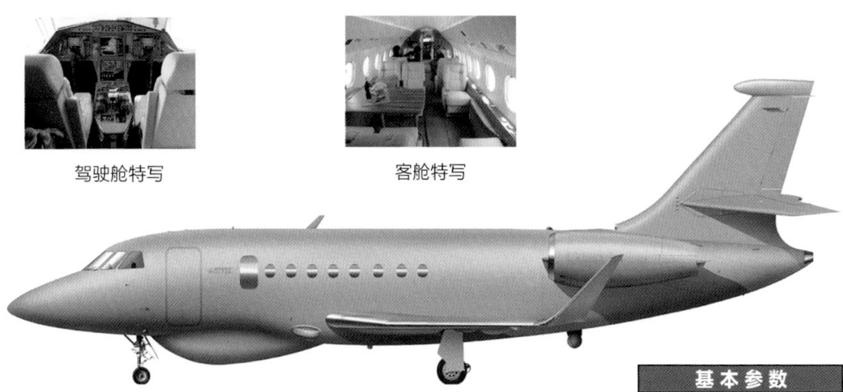

驾驶舱特写

客舱特写

基本参数	
长度	20.2 米
高度	7.06 米
翼展	21.4 米
重量	9 405 千克
最高速度	1 041 千米 / 时
相关简介	

研发历史

1989 年 6 月，法国达索公司在巴黎航展宣布了“猎鹰 X”（Falcon X）公务机的研制计划，用于取代猎鹰 20/200 公务机。1990 年 10 月，该计划正式启动，首款新型飞机被命名为猎鹰 2000 公务机。该机于 1993 年 4 月首次试飞，1995 年 3 月正式投入运营。除了基本生产型，猎鹰 2000 公务机还有两种衍生型：猎鹰 2000DX 公务机，减少载油量，缩短了航程；猎鹰 2000EX 公务机，增大了航程，装载新型 PW308C 涡轮风扇发动机和航空电子设备。

实战性能

猎鹰 2000 公务机采用了猎鹰 900 公务机的前机身和机翼结构，与后者相比，猎鹰 2000 公务机在外观上最明显的改变是增大了机身后部的面积。机舱内部也有一系列的改进，包括使用更好的隔音材料将噪声降低两个分贝。猎鹰 2000 公务机的客舱长 7.98 米、宽 2.34 米、高 1.88 米，方便乘客进行快捷的短途旅行。该机有 2 名机组人员，最多可以搭载 10 名乘客。在燃料充足的情况下，猎鹰 2000 公务机的最大航程超过 6 000 千米，可从纽约直飞安克雷奇、新加坡直飞迪拜，北京直飞孟买。

法国猎鹰 7X 公务机

猎鹰 7X（Falcon 7X）公务机是由法国达索飞机公司制造的喷气式公务机。

客舱特写

驾驶舱特写

基本参数	
长度	23.19 米
高度	7.86 米
翼展	26.21 米
重量	15 456 千克
最高速度	953 千米 / 时
相关简介	

研发历史

猎鹰 7X 公务机作为“猎鹰”系列公务机的旗舰机型，毫无疑问地成为达索飞机公司的巅峰之作。该机于 2005 年 5 月首次试飞，2007 年获得美国联邦航空局和欧洲航空安全局双重认证，同年开始交付使用。截至 2019 年 6 月，已经有 260 多架猎鹰 7X 公务机交付使用。

实战性能

猎鹰 7X 公务机的内饰设计非常优秀，先进的静音技术使得客舱的噪声始终保持在 50 分贝以下。这项尖端技术的首次应用大幅提高了乘坐舒适度和愉悦感。先进的温度检测系统令整个客舱内温度始终维持在乘客需要的温度，使得每个乘客倍感舒适。该机可根据客户的需求定制客舱，座椅布局和内饰均有多种选择供客户挑选。猎鹰 7X 公务机有 3 名机组人员，最多可搭载 16 名乘客。该机的设计航程达 11000 千米，可以轻松把世界任何两座城市联系在一起，如北京到巴黎，上海到西雅图，成都到吉达。

趣味小知识

猎鹰 7X 公务机的多媒体配置非常丰富，电脑、传真机、电话、复印机、录像显示器和会议设备使每位乘客无论是进行商务活动还是娱乐消遣都能得心应手。

加拿大挑战者 850 公务机

挑战者 850（Challenger 850）公务机是由加拿大庞巴迪宇航公司研制的中型喷气式公务机。

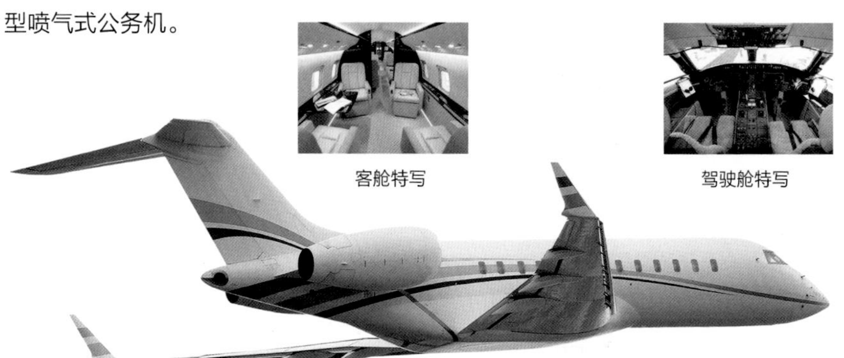

客舱特写

驾驶舱特写

基本参数	
长度	26.77 米
高度	6.22 米
翼展	21.21 米
重量	15 440 千克
最高速度	1 041 千米 / 时
相关简介	

研发历史

庞巴迪宇航公司是世界知名的公务机生产商，“挑战者”系列公务机代表了庞巴迪宇航公司最高的技术结晶，其中以挑战者 850 公务机尤为出色。该机由庞巴迪宇航公司的支线飞机 CRJ200 改进而成，它继承了支线飞机宽敞的机舱和翼展，融合了大客舱公务机的舒适性和灵活性的特点，于 2003 年更名为挑战者 850 公务机。2006 年 8 月，挑战者 850 公务机首次试飞，同年开始批量生产。按 2013 年币值，每架挑战者 850 公务机的造价为 3198 万美元。

实战性能

挑战者 850 公务机的客舱最多可以配置 14 个乘客座椅，其标准的座椅配置是 12 座。座椅都采用真皮材质，而座椅设置也十分人性化，除了单个座椅外，还有可以供多人坐的沙发。客舱通常分为 3 个独立的区域，客户可以定制个性化的客舱设施，如果把座椅数设定在 7 个至 10 个，可以把多出的空间改为酒吧、套房或者办公区，甚至健身房也能定制到飞机上。舱内有盥洗室，以及配有微波炉、烤箱和冰箱的厨房。

趣味小知识

挑战者 850 公务机搭载 8 名乘客时的直飞航程为 5 206 千米，可直飞纽约至都柏林、伦敦至吉达、新加坡至上海等航线。

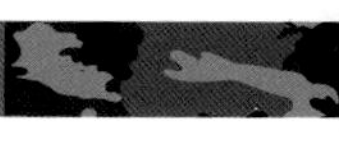

加拿大环球 7000 公务机

环球 7000（Global 7000）公务机是由加拿大庞巴迪宇航公司研制的大型喷气式公务机。

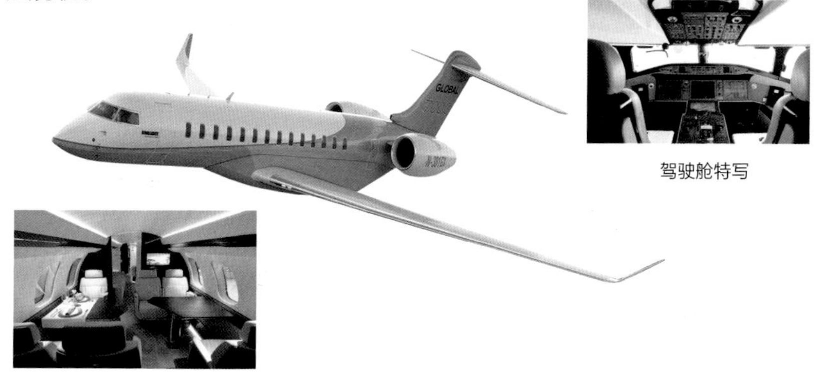

驾驶舱特写

客舱特写

研发历史

基本参数	
长度	33.9 米
高度	8.2 米
翼展	31.7 米
重量	25 764 千克
最高速度	982 千米 / 时
相关简介	

环球 7000 公务机项目于 2010 年启动，按照原计划，这架航程超过 13 000 千米的喷气式公务机应在 2016 年交付。但基于公司层面的一些因素，庞巴迪宇航公司宣布环球 7000 公务机推迟 2 年交付，交付时间推迟到 2018 年下半年。

实战性能

环球 7000 公务机的舷窗面积较大，为客舱纳入更多自然光线，还拥有领先的庞巴迪视景驾驶舱。该机采用宽敞的四舱布局，为大型公务飞机开创了一个新的类别。该机拥有 74.67 立方米的客舱容积，凭借包括私人休息室在内的 4 个独立起居空间，它将为乘客提供宾至如归的工作、美食、睡眠、休闲和放松的环境。环球 7000 公务机的航程达到 13 705 千米，可从北京直飞约翰内斯堡，从上海直飞纽约，从纽约直飞迪拜。

趣味小知识

环球 7000 公务机的窗户可根据座位的不同对自然光进行优化，具有优质的观景角度范围。所有 4 个休息区里，每个区域配有 6 个窗户，都根据不同的座位来合理调整。

巴西莱格赛 650 公务机

莱格赛 650（Legacy 650）公务机是由巴西航空工业公司设计生产的大型喷气式公务机。

客舱特写

驾驶舱特写

基本参数	
长度	26.33 米
高度	6.76 米
翼展	21.17 米
重量	14 160 千克
最高速度	850 千米 / 时
相关简介	

研发历史

巴西航空工业公司主要针对商用、军用和公务机领域中具有高度增长潜力的特定市场，已经发展成为世界上最大的飞机制造商之一。莱格赛 650 公务机作为巴西航空工业公司旗下公务机的主力机型，是一架远程跨洲飞行的公务机。2012 年，中国首架莱格赛 650 公务机交付于中国影星成龙，并邀请成龙作为巴西公务机的形象代言人。

实战性能

莱格赛 650 公务机的客舱采用顶级内饰布置，内设真皮座椅、沙发椅、文件柜和用餐会议两用桌。该机还配有一间可准备冷热餐的宽敞厨房，一间位于后舱的盥洗室，以及衣柜、储藏间等。此外，还装有一套配备了 DVD 播放机和卫星通信设备的娱乐系统。莱格赛 650 公务机的行李舱空间较大，在飞行途中可轻松进出。该机有 2 名机组人员，客舱最多可搭载 14 名乘客。在搭载 8 名乘客时，该机的航程超过 7000 千米，可从伦敦直飞纽约，从迪拜直飞伦敦或新加坡，从迈阿密直飞圣保罗，从新加坡直飞悉尼。

趣味小知识

莱格赛 650 公务机配备了霍尼韦尔“普里默斯”航空电子系统，驾驶舱使用了升级版的图形用户界面，不仅可以减轻飞行员工作负荷，还有利于飞行员更明智、更快速地做出决定。

巴西飞鸿 100 公务机

飞鸿 100（Phenom 100）是由巴西航空工业公司设计制造的轻型公务机。

客舱特写　　驾驶舱特写

研发历史

基本参数	
长度	15.9 米
高度	5 米
翼展	16.2 米
重量	7 951 千克
最高速度	834 千米 / 时
相关简介	

飞鸿 100 公务机于 2007 年首次试飞，同年投入使用。尽管该机在投入运营初期经历过一些困难，但它最终还是俘获了客户的心。飞鸿 100 公务机具有飞行性能优异、乘坐舒适性强以及运营成本低等优点，其宽敞和舒适的内饰是由巴西航空工业公司与宝马集团美国设计工作室合作设计的。

实战性能

飞鸿 100 公务机易于操作的驾驶舱和温和稳定的飞行品质使其能够进行单人驾驶。秉承巴西航空工业公司一贯出色的设计和工程经验，飞鸿 100 具有高可用性和高实用性的优势。为增加飞机的安全性和可靠性，该机还配备了具有防滑功能的电传刹车系统。飞鸿 100 喷气式公务机能够搭载 4 名乘客，座椅采用俱乐部式布局。该机后舱行李舱容积为 1.501 立方米，足以存放高尔夫球具包、滑雪袋及各类设施等。此外，前舱的储存区域和机内的衣柜总容积最多可达 0.453 立方米，这样飞机的总行李舱容积可达 2.01 立方米。

趣味小知识

在搭乘 4 名乘客并满足 NBAA IFR 规定的备份燃油条件下（在空中等待 35 分钟并飞往 100 海里距离的备降机场），飞鸿 100 公务机的航程为 2 182 千米。

巴西飞鸿 300 公务机

飞鸿 300（Phenom 300）公务机是由巴西航空工业公司设计制造的轻型喷气式公务机。

驾驶舱特写

客舱特写

研发历史

在飞鸿 100 公务机进行研发的同时，巴西航空工业公司也开始了飞鸿 300 公务机的设计工作。2008 年 4 月 29 日，飞鸿 300 公务机在加维奥·培肖特工厂的试飞跑道上成功完成首次飞行。在接下来的几个月内，系列编号为 99801 的首架飞鸿 300 和另外 3 架飞鸿 300 公务机共同参加了飞行测试。2009 年下半年，飞鸿 300 公务机投入使用。截至 2019 年 6 月，飞鸿 300 公务机生产了 500 架以上。

基本参数	
长度	15.9 米
高度	5.1 米
翼展	16.2 米
重量	8 000 千克
最高速度	850 千米 / 时
相关简介	

实战性能

飞鸿 300 公务机采用了加装翼梢小翼的后掠翼、单一加油口和一个可从机外排污的盥洗室。该机所采用的客舱布局最多可搭载 9 名乘客。容积达 2.15 立方米的超大行李舱可以方便地存放行李、高尔夫球具包和滑雪用具。动力装置为 2 台普惠加拿大公司的 PW535E 发动机。该机以 0.78 马赫的最高速度飞行时，能够达到 13 700 米的飞行高度。

趣味小知识

飞鸿 300 公务机装有防滑功能的标准线传刹车系统，大幅增加了安全性和可靠性。

意大利比亚乔 P180 公务机

比亚乔 P180（Piaggio P180）公务机是由意大利比亚乔公司设计生产的喷气式公务机，绰号“前进”。

驾驶舱特写

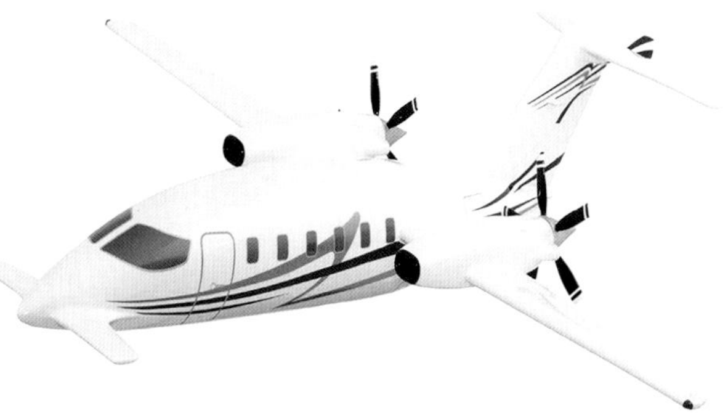

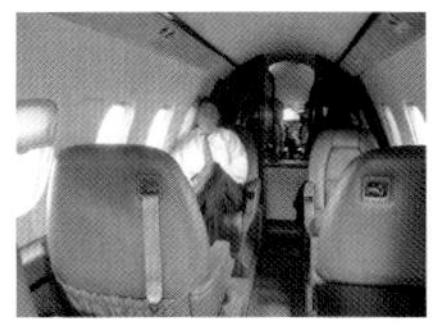

客舱特写

基本参数	
长度	14.41 米
高度	3.97 米
翼展	14.03 米
重量	3 400 千克
最高速度	741 千米 / 时
相关简介	

研发历史

1980 年至 1981 年间，比亚乔 P180 公务机在美国和意大利进行了外形的风洞测试，最初由比亚乔公司与李尔喷气机公司合作，但合作计划不久后就中止了，比亚乔公司继续 P180 公务机的研发。原型机在 1986 年 9 月 23 日首次试飞，1990 年 3 月取得意大利和美国的适航证，同年开始交付使用。

实战性能

与其他公务机相比，比亚乔 P180 公务机的前翼设计较为独特，主翼位置被后移，使其拥有鸭式布局，但仍使用传统飞机所采用的水平安定面作为飞机俯仰的平衡，同时采用独特的后推式螺旋桨。由于主翼较传统飞机后移，比亚乔 P180 公务机采用了中单翼的设计，这使得主翼的翼梁不需穿越机舱，使得比亚乔 P180 公务机的客舱有较大的空间。在配有 2 名飞行员的情况下，比亚乔 P180 公务机的客舱能够容纳 7 名至 9 名乘客，最多可以为 11 名乘客提供舒适的乘机环境。

趣味小知识

比亚乔 P180 公务机配备 2 台普惠加拿大公司的 PT6A-66B 涡轮螺旋桨发动机，噪声值小，可靠性高，单台功率为 630 千瓦。

Chapter 05

通用飞机

通用航空是指除军事、警务、海关缉私飞行和公共航空运输飞行以外的航空活动，包括从事工业、农业、林业、渔业、矿业、建筑业的作业飞行和医疗卫生、抢险救灾、气象探测、海洋监测、科学实验、遥感测绘、教育训练、文化体育、旅游观光等方面的飞行活动，用于这些活动的飞机统称为通用飞机。

美国塞斯纳 172 通用飞机

塞斯纳 172（Cessna 172）通用飞机是由美国塞斯纳飞机公司研制生产的单发四座小型飞机，是世界上生产量最大的小型通用飞机。

驾驶舱特写

螺旋桨特写

基本参数	
长度	8.28 米
高度	2.72 米
翼展	11 米
重量	736 千克
最高速度	228 千米 / 时
相关简介	

研发历史

塞斯纳 172 通用飞机于 1955 年 6 月首次试飞，第一架生产型飞机于 1956 年交付。早期的塞斯纳 172 通用飞机是标准的三轮传动装置飞机，仅 1956 年的销量就超过 1400 架。之后，陆续出现了塞斯纳 172A、塞斯纳 172B、塞斯纳 172D、塞斯纳 172F、塞斯纳 172J、塞斯纳 172R 和塞斯纳 C-172SP 等改进型号。其中，塞斯纳 C-172SP 是塞斯纳 172 系列最现代化的机型，于 1998 年开始批量生产。截至 2019 年 6 月，塞斯纳 172 系列通用飞机仍在生产，总产量超过 44 000 架。

实战性能

早期的塞斯纳 172 通用飞机与塞斯纳 170 公务机非常相似，具有相同机身。后来重新设计成前三点起落架，增加后窗以改良飞行员的视野，成为一架能够 360 度观察四周环境的飞机。塞斯纳 C-172A 引入了可移动的尾翼及方向舵及向后倾的机尾，而塞斯纳 172B 则改变了仪器设备，塞斯纳 172D 降低了机身的高度，塞斯纳 172F 加入了电力襟翼，塞斯纳 172J 更换了发动机，塞斯纳 172R 加入了标准的无线电设备及隔音设备，塞斯纳 172SP 可加装 G1000 玻璃驾驶舱。

美国塞斯纳 208 通用飞机

塞斯纳208通用飞机是由美国塞斯纳飞机公司研制生产的单发涡轮螺旋桨通用飞机。

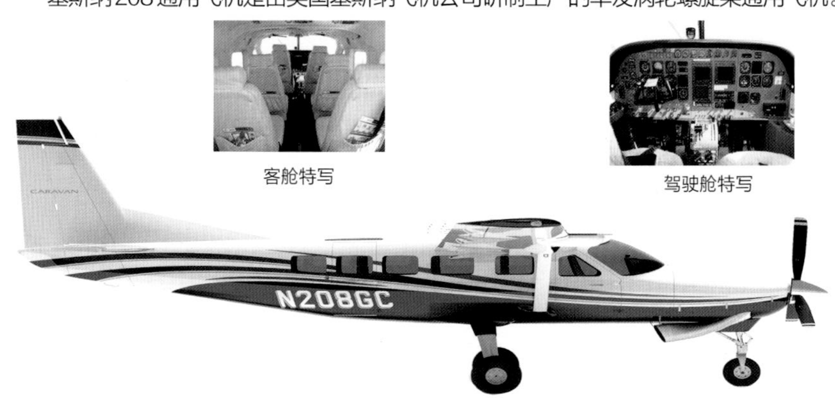

客舱特写

驾驶舱特写

基本参数	
长度	11.46 米
高度	4.55 米
翼展	15.88 米
重量	2 145 千克
最高速度	344 千米 / 时
相关简介	

研发历史

20 世纪 80 年代，塞斯纳飞机公司开始研制 10 座级的单发涡轮螺旋桨飞机，用于取代当时在各地运营的数千架德•哈维兰公司生产的“海狸”“水獭”活塞式飞机以及较小型的塞斯纳飞机，并打入这一级别的通用飞机市场。1984 年 10 月 23 日，塞斯纳 208 通用飞机获得美国联邦航空局适航证，1985 年开始批量生产并投入使用。该机经历了一系列的修改，并衍生出不同的机型，由最初的型号演变出多种改型。

实战性能

塞斯纳 208 通用飞机以其优良的适应能力著称，公司提供了不同的起落架安装模式，使塞斯纳 208 能适应不同的地形，甚至包括水上版本。该系列飞机装有带撑杆的机翼（上单翼）和不可收放的前三点式起落架，可选装轮式、浮筒式或滑橇式起落装置。该系列飞机可靠性、经济性和灵活性较好，可使用简易跑道，具备一定的商载能力。加装专业设备后具有多用途的优势。

趣味小知识

塞斯纳 208 通用飞机的起落架使用正常轮胎，可在草地、土地、砂石地面起降。换装浮筒，可在水面起降。换装冰橇，可在雪面或冰面起降。

俄罗斯别 –103 通用飞机

别 –103（Be–103）通用飞机是由俄罗斯别里耶夫航空科技联合体和加加林航空生产联合体共同研制生产的轻型多用途水陆两用飞机，2003 年交付使用。

驾驶舱特写

研发历史

基本参数	
长度	10.7 米
高度	3.7 米
翼展	12.5 米
重量	1 730 千克
最高速度	235 千米 / 时
相关简介	

别 –103 通用飞机的结构设计和鉴定试飞由别里耶夫航空科技联合体负责，加加林航空生产联合体则负责样机的生产和定型机的批量生产，以及飞机使用过程中的保养与维修。别 –103 通用飞机于 1997 年 7 月首次试飞，2001 年 10 月获得国际航空协会颁发的型号合格证。2003 年，别 –103 通用飞机开始交付使用。别 –103 通用飞机可用于执行多种任务，如客货运输、行政公务联络、紧急医疗救护、抢险救援、邮递、水面生态监测、航空照相、商业旅游以及用于森林保护区、海上边界、经济区的巡逻等。

实战性能

别 –103 通用飞机的座舱是根据现代化要求设计的，其配置保障了乘客最大限度的舒适性，同时也能进行快速改装，以适应不同的货物装载要求。座舱内配有空调系统。飞行员为 1 人或 2 人，客运可搭载 4 名至 5 名乘客，货运可运送 400 千克货物。座舱前部装有一个维护舱门和一个应急舱门，均可向上打开。为满足俄罗斯国内用户需求，该机有两种导航驾驶系统方案可供选择，一种是俄罗斯方案和国外方案的混合型，另一种是完全由俄罗斯生产的导航驾驶仪。

俄罗斯别 -200 通用飞机

别 -200（Be-200）通用飞机是由俄罗斯别里耶夫航空科技联合体研制生产的多用途水陆两用飞机，2003 年交付使用。

客舱特写

驾驶舱特写

研发历史

基本参数	
长度	32 米
高度	8.9 米
翼展	32.8 米
重量	27 600 千克
最高速度	700 千米 / 时
相关简介	

别 -200 通用飞机的设计工作始于 1989 年，首架原型机于 1996 年 9 月 11 日出厂，1998 年 9 月 24 日完成陆上起降首次试飞，1999 年 9 月 10 日完成首次水上起降。2002 年，别 -200 通用飞机开始批量生产，但产量很小，截至 2019 年 6 月也只生产了 10 架。该机的主要型号为消防型，同时具备发展为反潜巡逻型、海上搜救型和客货运输型的潜力。

实战性能

别 -200 通用飞机有 2 名机组人员，客运型上设备齐全，有厨房、盥洗室和行李间，客舱中央有通道，每排 4 个座位，排距为 75 厘米，最多可载 72 名乘客。货运型的货舱长 17 米、宽 2.6 米、高 1.9 米，可运输 7 ~ 8 吨各种货物。货运型的货舱内安装 9 个货盘，其最大载荷 7 500 千克，或安装 9 个特种货盘，最大载荷 6 850 千克。消防型安装了 8 个水箱，共计可载 12 吨灭火用水，另外还可安装容量为 1.2 立方米的液态化学灭火剂箱。该机可在陆地机场加水，也可在开阔水域通过水面滑行 12 ~ 14 秒来汲取灭火用水。

趣味小知识

在火场与机场距离 100 ~ 200 千米之内时，别 -200 通用飞机一次加油可向火场投放 270 ~ 320 吨水，灭火能力显著。

乌克兰安 -2 通用飞机

安 -2（An-2）通用飞机是由安东诺夫设计局研制的单发双翼飞机，其用途非常广泛，除了农业用途外，还可用作轻量运输、降伞运动等用途。

尾翼特写

驾驶舱特写

基本参数	
长度	12.4 米
高度	4.1 米
翼展	18.2 米
重量	3 300 千克
最高速度	258 千米 / 时
相关简介	

研发历史

二战结束后，苏联飞机设计师安东诺夫开始单独领导设计集体，从事民用飞机的研制工作。安 -2 通用飞机是其独立研制的第一批飞机中的一种，这是按照苏联农林部所提要求设计的活塞式单发双翼多用途飞机，最初称“农业经济 1 型”，后改称安 -2。该机于 1947 年首次试飞，1949 年投入批量生产。安 -2 的基本型是小型运输机，可在较小的简易跑道起降。该机还可作为搭载 12 名乘客的简易旅客机，以及用作农业机、医疗救护机、联络机等，在护林防火、地质勘探、跳伞员训练等方面也能发挥作用。安 -2 的改进型较多，各个型号累计生产量超过 18 000 架。

实战性能

安 -2 通用飞机采用单发多座、后三点固定式起落架、带单撑杆双层翼常规气动布局设计。其机身采用全金属半硬壳结构，前机身的承力结构由高强度钢管焊接而成，而后机身则用预应力铝蒙皮加上纵横向构件构成。机身中段是一个 4.1 × 1.6 × 1.83 立方米的货舱，可装载 1 500 千克的货物或运送 10 名至 14 名旅客或伞兵，也可以安装农药喷洒设备，药罐容积为 1 400 升。由于安 -2 通用飞机的飞行速度较慢，对降落场地的要求较低，因此能使用跑道较短及设备较差的机场。此外，部分特制型号更能适应严寒或其他恶劣环境。

英国肖特 330 通用飞机

肖特 330（Short 330）通用飞机是由英国肖特兄弟公司研制的双发涡轮螺旋桨小型飞机。

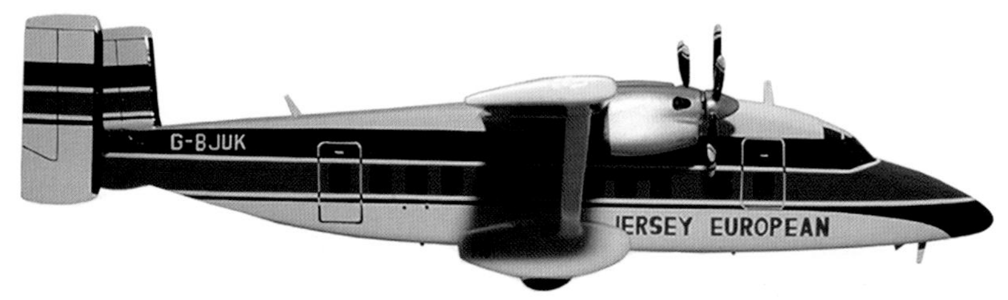

基本参数	
长度	17.69 米
高度	4.95 米
翼展	22.76 米
重量	6 680 千克
最高速度	455 千米 / 时
相关简介	

研发历史

肖特 330 通用飞机最初称为 SD3-30，其研制计划于 1973 年 5 月正式启动，研制阶段共制造了 2 架原型机和 1 架生产型飞机。第一架原型机于 1974 年 8 月 22 日首次试飞。1976 年 2 月 18 日，肖特 330 通用飞机获得英国民航局的型号合格证。1976 年 6 月 18 日，肖特 330 通用飞机获得美国联邦航空局的型号合格证，以及加拿大航空运输部、德国联邦航空局和澳大利亚运输部的型号合格证。1976 年 6 月，肖特 330 通用飞机开始交付使用。

实战性能

肖特 330 通用飞机的驾驶舱设 2 名机组人员，客舱内标准布局为 30 座，座椅分 10 排，每排 3 座，排距 76 厘米，中间设较宽的过道。座椅安装在客舱地板的轨道上，以利于改变座舱布局。厨房、厕所和客舱服务员座椅设在客舱后部。机头行李舱容积 1.27 立方米，后部行李舱容积 2.83 立方米，每个行李舱都有外部进口，总行李装载量为 500 千克。客货混合布局时，用隔板把座舱分成后客舱（典型布局 18 座）和前货舱两部分，货舱通过左侧的大舱门装卸货物，能运载集装箱；全货运布局时，舱内可装 7 个集装箱，集装箱周围的空间还可用来装其他货物。

趣味小知识

肖特 330 通用飞机的动力装置为 2 台普惠加拿大公司 PT6A-45R 涡轮螺旋桨发动机，单台功率为 893 千瓦。

Chapter 06

民用直升机

直升机作为 20 世纪航空技术极具特色的创造之一，极大地拓展了飞行器的应用范围。直升机是典型的军民两用产品，可以广泛应用在运输、巡逻、旅游、救护等多个领域。

美国贝尔 206 轻型直升机

贝尔 206 （Bell 206）直升机是美国贝尔直升机公司研制的 5 座单发轻型直升机，主要用于运输、救援、测绘、油田开发及行政勤务等任务。

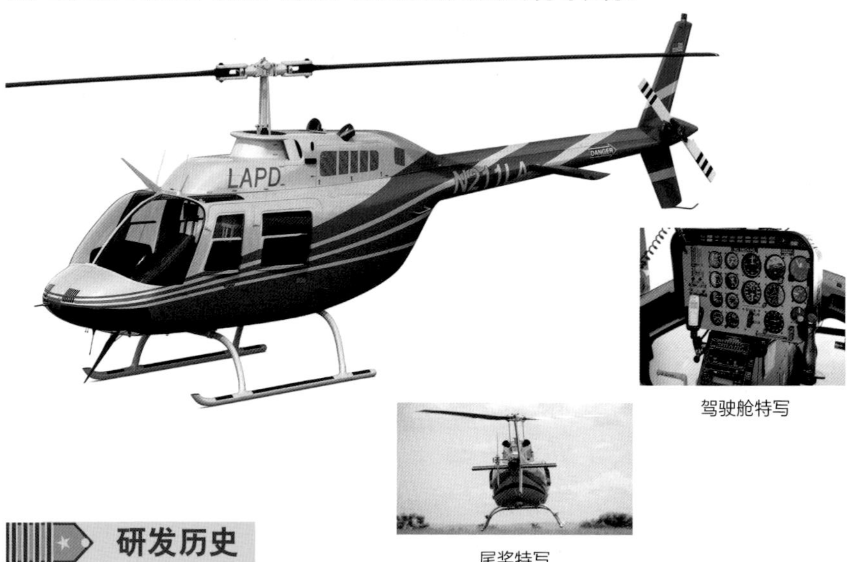

驾驶舱特写

尾桨特写

研发历史

贝尔 206 直升机于 1965 年 4 月开始研制，1966 年 1 月 10 日第一架原型机试飞，1966 年 10 月取得美国联邦航空局的适航证，1967 年年初开始交付使用。截至 2019 年 6 月，贝尔直升机公司以及其他许可证生产者共生产 7 300 多架贝尔 206 系列直升机，其中 4 600 多架是民用型。

基本参数	
长度	12.11 米
高度	2.83 米
翼展	10.16 米
重量	1 057 千克
最高速度	222 千米 / 时
相关简介	

实战性能

贝尔 206 直升机采用两片桨叶的半刚性跷跷板式旋翼，桨叶采用贝尔直升机公司标准的“前线下垂”叶形，桨叶由 D 形铝合金大梁、铝合金蒙皮、蜂窝芯和后段件胶接而成。尾桨为两片桨叶，桨叶为铝合金结构。该机的座舱前面有两个并排驾驶员座椅，驾驶员座位后面为可供 3 人乘坐的长椅。座椅后面有可以装 113 千克货物的行李舱。贝尔 206 直升机的动力装置通常是 1 台最大功率为 313 千瓦的艾里逊 250-C20J 型涡轮轴发动机，燃油容量为 344 升。该机的最大爬升率为 6.9 米 / 秒，实用升限为 4 115 米。

美国贝尔 222 轻型直升机

贝尔 222（Bell 222）直升机是由美国贝尔直升机公司研制的民用双发轻型直升机。

桨毂特写

头部特写

研发历史

贝尔 222 直升机的原型机于 1976 年 8 月 13 日首次试飞，1979 年 8 月 16 日获得美国联邦航空局的适航证并投入批量生产，同年开始交付使用。该机的主要型号有：贝尔 222A，基本型；贝尔 222B，改进型；贝尔 222 行政型，装有全套单套驾驶和双套驾驶的仪表飞行设备和全套自动飞行控制系统；贝尔 222UT 通用型，起落架为管形滑橇，滑橇上装有可拆卸的供地面操纵的机轮。

基本参数	
长度	12.85 米
高度	3.56 米
翼展	12.2 米
重量	2 066 千克
最高速度	240 千米 / 时
相关简介	

实战性能

贝尔 222 直升机的机身为轻合金半硬壳式结构，关键部位采用了破损安全设计。该机的旋翼系统采用 2 片桨叶，其桨毂为钛合金结构，旋翼桨叶不能折叠，尾桨为 2 片不锈钢结构桨叶。起落架为液压可收放式前三点起落架。贝尔 222 直升机的座舱一般可容纳 1 名驾驶员和 7 名乘客，必要时可搭载 9 名乘客。

趣味小知识

贝尔 222 直升机的动力装置为 2 台莱康明公司的 LTS101-750C-1 型涡轮轴发动机，单台最大功率为 510 千瓦。该机的最大爬升率为 8.79 米 / 秒，实用升限为 4 815 米。

美国贝尔 407 轻型直升机

贝尔 407（Bell 407）直升机是由美国贝尔直升机公司研制的 7 座单发轻型直升机。

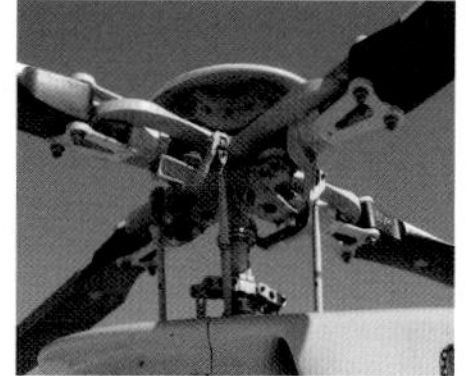

桨毂特写

驾驶舱特写

研发历史

贝尔 407 直升机的研发工作始于 1993 年，1995 年 1 月该项目首次在拉斯维加斯的直升机展览会上公布。原型机和预生产型机分别于 1995 年 6 月 29 日和 1995 年 7 月 13 日首次试飞。1996 年 2 月 9 日，贝尔 407 直升机取得加拿大运输部的型号合格证，同年 2 月 23 日取得美国联邦航空局的型号合格证。1996 年 2 月，贝尔 407 直升机首次交付使用。

基本参数	
长度	12.7 米
高度	3.56 米
翼展	10.67 米
重量	1 210 千克
最高速度	260 千米 / 时
相关简介	

实战性能

贝尔 -407 直升机采用单旋翼带尾桨布局，装有经过改进的 OH-58D 军用直升机的四片桨叶旋翼、尾桨和减速器系统。机体防护有所改善。前机身包括驾驶舱和座舱，空间不拥挤，改善了乘坐舒适性。机身两侧舷窗面积较大，安装特殊玻璃，增加了舱内采光，扩大了驾驶员和乘员视野。贝尔 -407 直升机的标准布局为 5 名乘客和 2 名机组人员，驾驶舱坐 2 名机组人员，座舱有两排背靠背的座椅，前面坐 3 名乘客，后面坐 2 名乘客。该机的内部最大载荷为 1 089 千克，外部最大吊挂载荷为 1 200 千克。

美国贝尔 427 轻型直升机

贝尔 427（Bell 427）直升机是由美国贝尔直升机公司设计生产的双发轻型直升机。

客舱特写

驾驶舱特写

研发历史

基本参数	
长度	11.42 米
高度	3.2 米
翼展	11.28 米
重量	1 760 千克
最高速度	259 千米 / 时
相关简介	

20 世纪 90 年代以来，在国际商用直升机市场上，双发轻型直升机成为新的热点，市场需求大，国际竞争激烈。为了抢占市场份额，贝尔直升机公司开始研制贝尔 427 直升机，其设计目标是提供一种在性能和有效载重方面与同类直升机相近、但价格更低的双发轻型通用直升机。1997 年年初，贝尔直升机公司开始组装第一架原型机，同年 12 月 11 日首次飞行。1999 年 11 月 19 日，贝尔 427 直升机获得加拿大运输类直升机适航证。2000 年 1 月，贝尔 427 直升机获得美国联邦航空管理局适航证，同年开始交付使用。

实战性能

由于广泛采用碳纤维 / 环氧树脂复合材料，贝尔 427 直升机的机身零件数较贝尔 206 直升机大幅减少。该机的座舱座椅布置有两种标准方案：一种为两排面对面三座椅的标准俱乐部座椅；另一种为两排面对面二座椅的公务俱乐部座椅，每排座椅之间有供放茶点饮料的茶几。此外，也可选择两排面向前三座椅的标准航空公司座椅。紧急医疗救护型贝尔 –427 直升机，座舱内可安排 1~2 副担架，1~2 名医护人员。货物运输型贝尔 –427 直升机，座椅全部拆除，选用可移动货舱平地板，配备货物系留装置。

美国贝尔 429 轻型直升机

贝尔 429（Bell 429）直升机是由美国贝尔直升机公司研制的民用双发轻型直升机，可胜任人员输送、紧急救援、医疗救护和消防等多种紧急任务。

驾驶舱特写

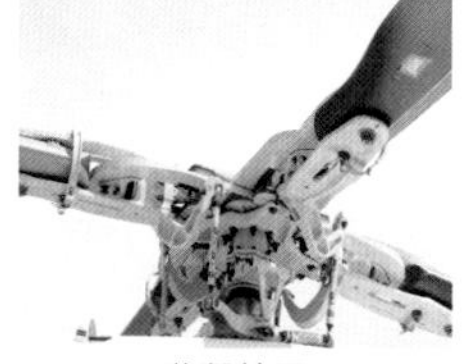

桨毂特写

研发历史

贝尔 429 直升机于 2007 年 2 月 27 日首次试飞，2009 年开始批量生产并交付使用。该机的问世被称为贝尔直升机公司力挽狂澜的放手一搏，因为它在双发轻型直升机中的确出类拔萃。截至 2019 年 6 月，贝尔 429 直升机仍在生产。按 2014 年币值，每架贝尔 429 直升机的造价为 750 万美元。

基本参数	
长度	12.7 米
高度	4.04 米
翼展	10.97 米
重量	1 925 千克
最高速度	287 千米 / 时
相关简介	

实战性能

贝尔 429 直升机拥有宽敞的开放式机舱和平面地板，客舱空间扩大到 6.16 立方米，远大于贝尔 427 直升机的客舱，由此带来一系列空间上的优势，完全摆脱了拥挤逼仄的尴尬。贝尔 429 直升机的有效荷载重量超过 1200 千克，舱内配有 8 个真皮座椅，拥有足够空间的机舱使得双腿可以在座位上尽情舒展，快速拆分的座椅可以灵活重置舱内构造。用于医疗救护时，重置后的机舱更可容纳 2 副担架和数名医务人员。用于顶级的商务飞行时，可以改为 4 个座椅。

趣味小知识

贝尔 429 直升机的动力装置为 2 台普惠加拿大公司 PW207D 型涡轴发动机，单台功率为 545 千瓦，并装双余度全权限数字发动机控制系统。

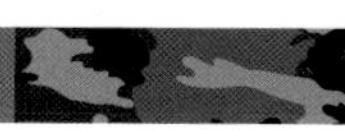

美国 R22 轻型直升机

R22 直升机是由美国罗宾逊直升机公司研制的双座单发轻型直升机，在美国广泛用于直升机驾驶员的训练。

左侧机身特写　　驾驶舱外部特写

研发历史

R22 直升机于 1973 年 6 月开始设计，第一架原型机于 1975 年 8 月 28 日首次飞行，第二架原型机于 1977 年年初制成。1979 年 3 月 16 日，R22 直升机获得美国联邦航空局适航证。1981 年 6 月，获得美国民航局适航证，之后又陆续在其他国家获得适航证。1979 年 10 月，R22 直升机开始交付使用。截至 2017 年 7 月，该机已经交付了 4 600 架以上。

基本参数	
长度	8.76 米
高度	2.67 米
翼展	7.67 米
重量	379 千克
最高速度	190 千米 / 时
相关简介	

实战性能

R22 直升机采用两片桨叶的半刚性旋翼，桨毂使用 3 个铰链悬挂，以减少桨叶柔性、旋翼震动和操纵力反馈。弹性跷跷板铰链装有限动块，以防大风中起动和旋翼停转时桨叶打到尾梁。该机的动力装置为一台莱康明 O-320-A2C 型活塞发动机，最大功率为 93 千瓦。该机的最大爬升率为 6.1 米 / 秒，实用升限为 4 267 米。R22 直升机的有效载荷为 417 千克，除驾驶员外，仅能搭载 1 名乘客。

趣味小知识

R22 直升机的主旋翼和上下垂直尾翼都是两片桨叶，主旋翼桨毂高置，尾桨在左侧。起落架为固定滑橇式起落架。

美国 R44 轻型直升机

R44 直升机是由美国罗宾逊直升机公司研制的四座单发轻型直升机，绰号“雷鸟”（Raven）。

后排座椅特写

驾驶舱特写

研发历史

R44 直升机于 1990 年 3 月首次试飞，1993 年正式投入市场，因其用途广泛，年生产量从 1996 年的 78 架迅速增长为 2000 年的 264 架，至 2019 年 6 月，生产总量已超过 5800 架。罗宾逊直升机公司以生产低价位、高标准、高性能的轻型直升机而信誉卓著，R44 直升机完全具备了这些特征。

基本参数	
长度	9 米
高度	3.3 米
翼展	10.1 米
重量	657 千克
最高速度	240 千米 / 时
相关简介	

实战性能

罗宾逊直升机公司在工艺设计方面一贯强调优质可靠，根据美国国家交通安全委员会的统计数字，由于机身或发动机故障引起的事故，R44 直升机比其他直升机要少得多。该机采用罗宾逊直升机公司最新开发的液压助力系统，消除了驾驶杆机械传动产生的震动现象，使驾驶更轻松。驾驶舱配备了可调式脚舵，方便飞行员调整姿势。R44 直升机可装备固定或应急快速充气浮筒，能在水上飞行和起降。该机拥有封闭式机舱，舱内有两排座椅，可以乘坐 1 名驾驶员和 3 名乘客，有效载荷为 998 千克。

趣味小知识

R44 直升机的机体线条优美，其设计符合空气动力学原理，有效提高了飞行速度和效率，巡航速度达 200 千米 / 时，而平均耗油量仅为 56 升 / 时。

美国 S-92 中型直升机

S-92 直升机是由美国西科斯基飞机公司研制的双发中型直升机，主要针对民用市场而设计。

基本参数	
长度	17.1 米
高度	4.71 米
翼展	17.17 米
重量	7 030 千克
最高速度	306 千米 / 时
相关简介	

研发历史

20 世纪 90 年代初，由于苏联解体，国际形势趋于缓和，西科斯基飞机公司预测民用中型直升机的市场需求会有所增长，决定研制一种面向 21 世纪的军民通用型新型中型直升机。该计划正式于 1992 年在西科斯基飞机公司立项，命名为 S-92“直升客车”直升机。S-92 直升机于 1995 年 6 月在巴黎航展上展出。1998 年首次试飞，2004 年投入使用。由于 S-92 直升机能满足军用和民用的多种使用要求，同时经济性也较好，所以在同类直升机中极具竞争力。

实战性能

S-92 直升机的机体广泛采用复合材料，采用复合材料的部位包括整流罩、浮筒式燃油箱舱、机头座舱罩、尾斜梁前后椽等，所采用的复合材料占机体重量的 40%。复合材料的应用不仅减轻了重量，还提高了耐腐蚀性和抗破裂的能力。S-92 直升机有 2 名机组人员，用于客运时，最多可以安装 22 个乘客座椅。用于货运时，有效载荷为 12 020 千克，吊钩最大的承载能力为 4 536 千克。

趣味小知识

S-92 直升机的机身两侧有浮筒式燃油箱，每个容量为 1134 升，加上其内部还设有辅助燃油箱，这就可大大增加直升机搜索救援的范围或延长搜索救援的飞行时间。在必要时，S-92 直升机也可进行空中加油。

美国波音 234 中型直升机

波音 234 是由美国波音公司在军用直升机 CH-47“支奴干”基础上研制的民用型，主要用于客货运输。

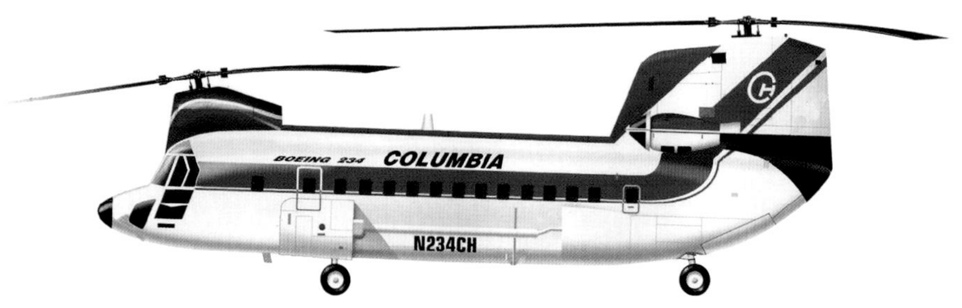

研发历史

1978 年夏季，波音公司宣布研制波音 234 直升机，以执行客运、货运及其他专门任务，如近海油田和天然气钻井平台支援、远距离资源开发、吊运、伐木和建筑、海上及陆地搜索和救援、空中灭火、港口疏散、救灾、输电线路敷设、管道建设及修理等。该机于 1980 年首次试飞，主要改型有波音 234LR 远程型、波音 234ER 加大航程型、波音 234UT 通用型。

基本参数	
长度	15.87 米
高度	5.68 米
翼展	18.29 米
重量	12 292 千克
最高速度	278 千米 / 时
相关简介	

实战性能

波音 234 直升机是波音公司在其 CH-47“支奴干”军用直升机基础上研制的一种大型、串列式双旋翼布局的民用直升机。它采用了最后一种军用型“支奴干”的机体设计，并采用了宽弦长玻璃纤维旋翼桨叶，代替了原先的金属桨叶；重新设计了机身侧面整流罩；加长了机头，以容纳气象雷达天线；前起落架位置前移等。

趣味小知识

波音 234 直升机外观上与 CH-47 最大的区别在于其两侧客舱具有更多的窗户，同时为了安装气象雷达，它的机头部分也比 CH-47 要长。

俄罗斯米 -34 轻型直升机

米 -34（Mi-34）直升机是由米里设计局研制的四座轻型多用途直升机，主要用于教练、通信、观测、联络和巡逻，北约代号为“蜂鸟”（Hermit）。

研发历史

1986 年，米里设计局制造了 2 架原型机和 1 架结构试验机，同年首次试飞，并在巴黎航展上公开展出。1993 年，米 -34 直升机开始交付使用。该机主要有两种型别：双排座教练型和单排座运动型。按 2011 年币值，每架米 -34 直升机的造价为 100 万美元。

基本参数	
长度	11.42 米
高度	2.75 米
翼展	10 米
重量	950 千克
最高速度	210 千米 / 时
相关简介	

实战性能

米 -34 直升机装有一台韦杰涅耶夫设计局设计的 M-14V-26V 型 9 缸活塞式发动机，最大功率为 239 千瓦。这种发动机具有特技飞行直升机所需的一些非常重要的特性，如加速性好、对吸入的废气不敏感等。米 -34 直升机装有 2 套操纵装置，从而使这种直升机既可以作为教练机，又可以作为联络机和巡逻机，驾驶舱后面有一个空间舱，必要时可载人或装货。该机有 1 ~ 2 名机组人员，可搭载 2 ~ 3 名乘客。

趣味小知识

米 -34 直升机的机身采用轻合金铆接结构，半铰接式旋翼有 4 片玻璃纤维桨叶，带有挥舞铰和周期变距铰。

欧洲 EC130 轻型直升机

EC130 直升机是由欧洲直升机公司研制的单发轻型直升机，其特点为宽敞、舒适和噪声水平非常低，可满足世界各地最严格的噪声限制规章。

基本参数	
长度	10.68 米
高度	3.34 米
翼展	10.69 米
重量	1 377 千克
最高速度	287 千米 / 时
相关简介	

研发历史

EC130 直升机由 AS350“松鼠”直升机衍生而来，但采用涵道式尾桨和更宽的座舱，该飞机于 1999 年 6 月首次试飞，在 2001 年 2 月的拉斯维加斯直升机展会上亮相后开始交付使用。EC130 直升机维护简单，能够完成各类任务，包括观光运输、空中执法或紧急医疗等。

实战性能

EC130 直升机具有非常低的外部噪声水平，比国际民航组织噪声限制值低 7 分贝。这些优点得益于采用了低噪声的涵道式尾桨和尾桨转速自动控制。宽敞的模块化座舱内噪声水平很低，且具有符合美国航空管理局规章的耐坠毁性座椅。EC130 直升机的有效载荷为 1 050 千克，最大起飞重量为 2 427 千克。该机有 1 名飞行员，最多可以搭载 6 名乘客，其中有 2 名坐在前排，4 名坐在后排。

趣味小知识

EC130 直升机配备了符合目视飞行规则昼间飞行的标准无线电通信和导航系统，其中包括与全球定位系统相连的综合仪表板。该机具备夜间按照目视飞行规则飞行的能力。

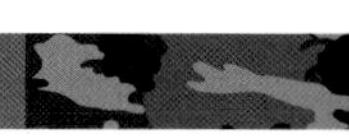

欧洲 EC135 轻型直升机

EC135 直升机是由欧洲直升机公司设计制造的双发轻型直升机，被广泛运用于警务与急救领域，同时也用于执行运输任务。

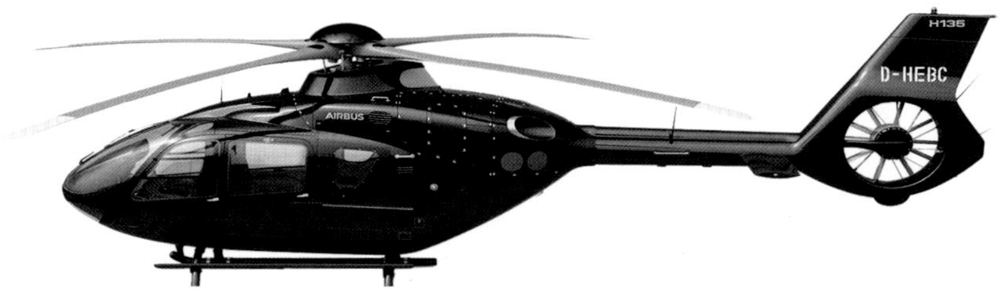

驾驶舱特写

尾翼特写

研发历史

EC135 直升机的历史可以追溯到 20 世纪 80 年代欧洲直升机公司成立之前。最初它是作为德国梅赛施密特－伯尔科－布罗姆公司的 BO 108 直升机进行开发的，1988 年 10 月 17 日进行了首次技术验证飞行。在梅赛施密特－伯尔科－布罗姆公司与法国宇航直升机部门合组为欧洲直升机公司后，BO 108 直升机逐渐发展成为 EC135 直升机，并于 1994 年 2 月 15 日首次试飞，1996 年开始交付使用。

基本参数	
长度	12.16 米
高度	3.51 米
翼展	10.2 米
重量	1 455 千克
最高速度	281 千米 / 时
相关简介	

实战性能

EC135 直升机运用了一系列高新科技，包括无铰接旋翼、全复合材料无轴承尾桨、装有减震装置的紧凑型变速箱（允许更高的客舱高度）、复合材料结构、改进的气动外形、现代航空电子设备和电子飞行仪表系统等。该机有 1 名飞行员，客舱能配备 8 个座位，也能更改配置用于执法人员或贵宾运送、紧急医疗服务、搜寻和救援等任务。较低的事故率和较大的内部空间令 EC135 直升机深受欢迎，成为目前销量最大的轻型双发直升机之一。

欧洲 EC145 中型直升机

EC145 直升机是由欧洲直升机公司研制的轻型双发多用途直升机，主要用途有搜索救援、紧急勤务、专机 / 载客运输、货运、近海作业、航拍、新闻采访以及训练等。

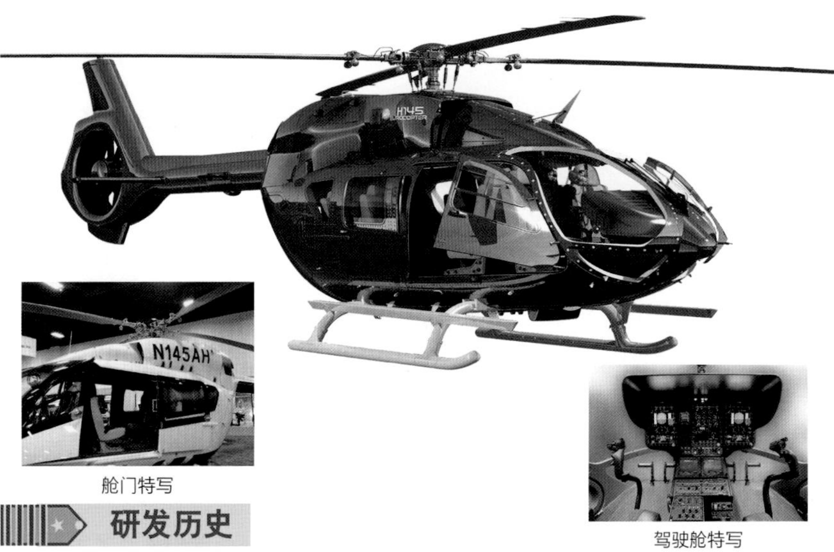

舱门特写

驾驶舱特写

研发历史

为缩短研制周期，尽早投放市场，欧洲直升机公司在研制 EC145 直升机的过程中走了捷径，将 EC135 直升机的前机身和 BK117 直升机的后机身拼合起来组成 EC145 直升机。因此，EC145 直升机实际上是 EC135 直升机和 BK117 直升机的优化组合。EC145 直升机基本型于 1998 年开始研制，1999 年 6 月首次试飞，2002 年开始交付使用。

基本参数	
长度	13.03 米
高度	3.45 米
翼展	11 米
重量	1 792 千克
最高速度	268 千米 / 时
相关简介	

实战性能

EC145 直升机广泛采用先进技术，拥有高性能旋翼桨叶、气动优化的机身、具有现代化人机接口特点的驾驶舱、大视野风挡玻璃和宽敞的座舱等。机身主要结构选用薄壁型材，座舱框架、顶板和地板、发动机整流罩及舱门等都选用轻质复合材料。EC145 直升机有 1 名至 2 名飞行员，最多可搭载 9 名乘客。在执行救护任务时，座舱内可布置 2 副担架和 3 个座椅，座椅供医生和护士用。该机的最大起飞重量为 3 585 千克，最大外挂重量为 1 500 千克。

欧洲 EC155 中型直升机

EC155 直升机是由欧洲直升机公司研制的双发长程通用直升机，能坐一般乘客或是改装成救护直升机或 VIP 豪华专机。

桨毂特写

驾驶舱特写

研发历史

基本参数	
长度	14.3 米
高度	4.35 米
翼展	12.6 米
重量	2 618 千克
最高速度	324 千米 / 时
相关简介	

EC155 直升机是在原法国直升机公司“海豚Ⅱ”直升机基础上通过换装更先进的航空发动机和五叶片主旋翼，并对航空电子设备和机舱内饰进行改进后研制而成的，主要面向民用直升机市场。1997 年，EC155 直升机在巴黎航展上首次公开展出。1999 年，EC155 直升机取得了法国民航局和德国政府的适航证，同年开始交付使用。

实战性能

EC155 直升机采用全玻璃座舱，装备了集成的数字飞行控制系统，采用有源点阵液晶显示器，装有欧洲直升机公司的机体发动机多功能显示系统。此外，该机还配备了四维数字式自动驾驶仪，以及全权数字式发动机控制系统。EC155 直升机的动力装置为 2 台经过优化的透博梅卡阿吕斯 2C2 型发动机，可适应高温、高原的作业环境。该机的座舱环境舒适，可容纳 13 名乘客外加 2 名飞行员，若更换为舒适的 VIP 构型，则可搭载 8 名乘客加 2 名飞行员。

趣味小知识

EC155 直升机具有充足的剩余功率，在同级直升机中具有较快的巡航速度（278 千米 / 时）和航程（857 千米）。

欧洲 EC225 客运直升机

EC225 直升机是由欧洲直升机公司开发的民用“超级美洲狮”家族中的新一代长程客运直升机。

研发历史

基本参数	
长度	19.5 米
高度	4.97 米
翼展	16.2 米
重量	5256 千克
最高速度	275 千米 / 时
相关简介	

欧洲直升机公司于 1998 年 6 月宣布开始 EC225 直升机的研发工作。该机是面向海上支援和 VIP 旅客运输市场开发的，也可用于公众服务任务。2000 年 11 月 27 日，第一架 EC225 原型机完成了首次试飞。2004 年 7 月，EC225 直升机获得了来自欧洲航空安全局的安全认证。

实战性能

EC225 直升机是一种双发直升机，根据顾客的配置，可以运输 24 名旅客以及 2 名机师和 1 名机舱服务员。EC225 直升机具备全天候飞行能力，装有雷达可识别水面船只、防冰和除冰系统、水上迫降浮筒、机载救生筏等，并装有应急定位发射装置可与卫星直接建立连接，配备目前世界上最先进的自动驾驶和仪表显示设备，最新的空气动力设计，具有噪声低、飞行更加平稳等特点。

趣味小知识

EC225 直升机使用 2 台透博梅卡公司马基拉 2A1 涡轴发动机，该发动机具有双通道全权数字式发动机控制系统和防冰系统，能够在极地寒冷的气象条件下飞行。

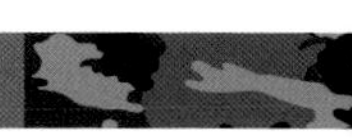

意大利 AW109 轻型直升机

AW109 直升机是由意大利阿古斯塔·韦斯特兰公司生产的双发八座轻型多用途直升机。

桨毂特写

驾驶舱特写

研发历史

基本参数	
长度	13.04 米
高度	3.5 米
翼展	11 米
重量	1 590 千克
最高速度	285 千米 / 时
相关简介	

AW109 直升机于 1971 年 8 月 4 日首次试飞，1975 年 6 月获得意大利航空注册局和美国联邦航空管理局适航证，1976 年开始交付使用。该机具备全天候飞行能力，其客舱可以快速更改结构以适应商务运输、医疗急救、警务巡逻等不同的任务模式。该机可以在高温、高原地区、寒冷地区、强风和近海大湿度、高盐分环境下正常飞行，能够满足不同地区和环境作业的需求。

实战性能

AW109 直升机安装了复合材料旋翼、弹性轴承和旋翼夹套以及钛合金的转子。该机采用轮式起落架，不仅极大地提高了直升机野外着陆的能力，也增加了绞车作业的安全性，同时轮式起落架的滑跑起飞和着陆功能也提高了直升机的作业性能。该机可以安装各种多用途设备，包括绞车、应急浮筒、红外夜视仪、外部扬声器、夜间搜索灯、吊挂货钩、消防水桶、各种紧急医疗救护设备等。该机有 1 名至 2 名机组人员，最多可以搭载 7 名乘客。客舱不仅舒适、优雅，还采用了最新的隔音技术，隔音效果颇为出色。

Chapter 07

军用飞机

军用飞机是直接参加战斗、保障战斗行动和军事训练的飞机的总称，是航空兵的主要技术装备。从某种角度上来说，飞机在近百年来所取得的技术突破几乎都是因为战争的推动。军用飞机的不断蜕变促进了航空航天技术的发展，民用飞机也因此获益匪浅。

美国 F-15“鹰”式战斗机

F-15“鹰”式（F-15 Eagle）战斗机是由麦克唐纳·道格拉斯公司研制的全天候双发战斗机，1976 年 1 月开始服役。

驾驶舱外部特写

尾喷口特写

基本参数	
长度	19.43 米
高度	5.68 米
翼展	13.03 米
重量	12 973 千克
最高速度	3 000 千米 / 时
相关简介	

研发历史

F-15 战斗机是由 1962 年展开的 F-X（Fighter-Experimental）计划发明出来的。在战斗机世代上，按照原先的欧美标准被归类为第三代战斗机，现在已和俄罗斯标准统一为第四代战机。该机的设计思想是替换在越南战场上问题层出的 F-4 战斗机，要求对 1975 年之后出现的任何敌方战斗机保持绝对的空中优势，设计时要求其“没有一磅重量用于对地”。该机主要有 A 型、B 型、C 型、D 型四种型号，其中 A 型和 C 型为单座型，B 型和 D 型为双座型。美国空军是 F-15 战斗机最早也最大的使用者，其计划将 F-15 服役至 2025 年。

实战性能

F-15 战斗机是世界上第一种成熟的第四代战斗机，在设计之初便强调高推重比、低翼载荷。该机装有 1 门 20 毫米 M61A1 机炮，另有 11 个外挂点（机翼 6 个，机身 5 个），总挂载量达 7 300 千克，可使用 AIM-7、AIM-9 和 AIM-120 等空对空导弹，以及包括 Mk 80 系列无导引炸弹在内的多种对地武器。F-15 战斗机的电子设备和武器系统无论在有支援的本方空域，还是敌占区域，都能有效地发挥作用。而其他的一些战斗机往往过于依赖地面基地的支援。

趣味小知识

1985 年 9 月 13 日，美国第 6512 试验中队的一架 F-15A 从爱德华兹空军基地起飞，跃升到 24 384 米高空，发射了一枚反卫星导弹，成功击毁美国 1979 年 2 月发射的 P78-1 号伽马频谱仪卫星。

美国 F-15E“攻击鹰”战斗轰炸机

F-15E“攻击鹰”（F-15E Strike Eagle）战斗轰炸机是由麦道公司在F-15“鹰”式战斗机的基础上改进而来的双座超音速战斗轰炸机，从 1989 年开始服役，截至 2019 年 6 月制造了 420 架。

驾驶舱外部特写

发动机尾喷口特写

研发历史

1981 年 3 月，美国空军发布“增强型战术战斗机”（Enhanced Tactical Fighter，ETF）计划，以取代 F-111 战斗轰炸机。通用动力公司提交的机型是 F-16XL，用以与麦道公司的 F-15 衍生型 F-15E 竞争，最后由 F-15E 获选。F-15E 于 1986 年 12 月首次试飞，而第一架生产型于 1988 年 4 月交付使用。1989 年 10 月，F-15E 在北卡罗来纳州的山缪强森空军基地达到初始作战能力。另外，F-15E 的衍生型也包括以色列的 F-15I、沙特阿拉伯的 F-15S、韩国的 F-15K、新加坡的 F-15T 等。

基本参数	
长度	19.43 米
高度	5.63 米
翼展	13.05 米
重量	14 515 千克
最高速度	3 060 千米 / 时
相关简介	

实战性能

F-15E 战斗轰炸机兼具对地攻击和空战能力，其外形与 F-15D 战斗机基本相同，主要区别在于 F-15E 重新设计了发动机舱以及部分结构，使航程增加了 33%。F-15E 战斗轰炸机的固定武器是 1 门 20 毫米 M61A1 机炮，机翼挂架和机腹挂架共可携带 10 400 千克炸弹。

美国 F-16“战隼”战斗机

F-16“战隼”(F-16 Falcon)战斗机是由通用动力公司(1993 年通用动力公司将飞机制造事业出售给洛克希德公司)为美国空军研制的多功能喷气式战斗机，属于第四代战斗机。

发动机尾喷口特写

头部特写

基本参数	
长度	15.02 米
高度	5.09 米
翼展	9.45 米
重量	8 272 千克
最高速度	2 173 千米 / 时
相关简介	

研发历史

F-16 战斗机原本是通用动力公司研制的低成本、单座轻型战斗机，第一种生产型于1979年1月进入现役。后几经改进，前后有 F-16A、F-16B、F-16C、F-16D、F-16E、F-16F、F-16V、F-16I 和 F-16ADF 等十余种型号。目前，F-16 战斗机的总产量超过 4 500 架。除美国外，以色列、埃及、土耳其、韩国、希腊、荷兰、丹麦和挪威等 20 多个国家也有订购。冷战后，美国空军对军机的需求量下降，通用动力公司于 1992 年 12 月宣布将 F-16 战斗机的生产线卖给了洛克希德 • 马丁公司。

实战性能

F-16 战斗机具有优良的飞行性能，强调中低空跨音速机动性能和远程作战能力；推重比高，翼载荷低；航空电子设备先进，有良好的全天候作战能力，下视下射能力大为提高；突出空战能力，但也多兼有良好的对地攻击能力；飞机的可靠性和可维护性能好，改进发展潜力大。该机装有 1 门 20 毫米 M61“火神”机炮(备弹 511 发)，并可携带 AIM-7、AIM-9、AIM-120、AGM-65、AGM-88、AGM-84、AGM-119 等多种导弹，以及多种制导炸弹或无导引炸弹，并可携带 B61 核弹。

美国 F/A-18“大黄蜂”战斗 / 攻击机

F/A-18“大黄蜂”（F/A-18 Hornet）战斗 / 攻击机是由美国专门针对航空母舰起降而开发的对空 / 对地全天候多功能舰载机，1983 年 1 月开始服役。

立尾特写

发动机尾喷口特写

基本参数	
长度	17.1 米
高度	4.7 米
翼展	11.43 米
重量	11 200 千克
最高速度	1 814 千米 / 时
相关简介	

研发历史

F/A-18 战斗 / 攻击机的研发历史最早可以追溯到美国空军发展的轻型战机（LWF）计划，当时通用公司与诺斯洛普公司（现诺斯洛普 • 格鲁曼公司）获得最后决选权，分别发展出 YF-16 与 YF-17 两种原型机，其中 YF-16 被美国空军选中。而 YF-17 虽然在这次计划中落选，却在数年后赢得美国海军的空战战机（ACF）计划。当时，诺斯洛普、波音与制造海军飞机经验丰富的麦克唐纳 • 道格拉斯公司合作，以 YF-17 原型机为蓝本开发出海军版的原型机，并打败由 F-16 衍生出的舰载机版本。最初计划制造战斗机版 F-18 与攻击机版 A-18 两种型号，但最终采纳美国海军的意见将其合二为一变成 F/A-18 战斗 / 攻击机。

实战性能

F/A-18 战斗 / 攻击机采用单座 / 纵列双座后掠翼气动布局，安装 2 台涡扇发动机，是美国军方第一种兼具战斗机与攻击机身份的型号，具备优秀的对空、对地和对海攻击能力。该机的固定武器为 1 门 20 毫米 M61A1 机炮，F/A-18A/B/C/D 有 9 个外挂点，其中翼端 2 个、翼下 4 个、机腹 3 个，外挂载荷最高可达 6 215 千克。F/A-18E/F 的外挂点有所增加，不但能携带更多的武器，而且可外挂 5 个副油箱，并具备空中加油能力。

美国 F-22“猛禽”战斗机

F-22“猛禽”（F-22 Raptor）战斗机是由洛克希德 • 马丁公司研制的单座双发高隐身性第五代战斗机，一共制造了 195 架。

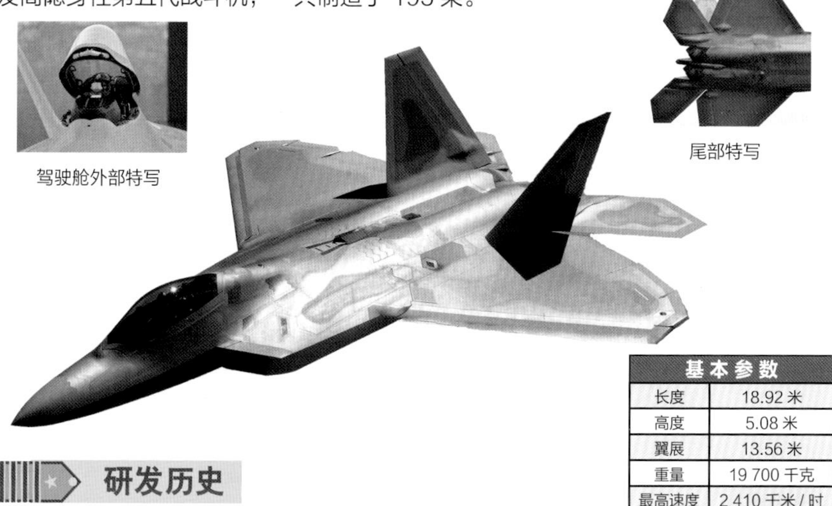

驾驶舱外部特写

尾部特写

基本参数	
长度	18.92 米
高度	5.08 米
翼展	13.56 米
重量	19 700 千克
最高速度	2 410 千米 / 时
相关简介	

研发历史

F-22 战斗机的研发最早可以追溯到 1971 年，当时美国战术空军指挥部提出了先进战术战斗机（Advanced Tactical Fighter，ATF）计划。由于经费的原因，这个计划一直被推迟到 1982 年 10 月才最终定案，同时提出技术要求。1986 年，以洛克希德公司（尚未与马丁公司合并）和波音公司为主的研制小组提出 YF-22 方案，并中标。1997 年，洛克希德 • 马丁公司首次公开 F-22 战斗机，并正式将其命名为“猛禽”。2005 年 12 月，F-22 战斗机正式服役，成为世界上最先服役的第五代战斗机。

实战性能

F-22 战斗机不仅在航电设备、机动性能、武器配置等方面领先于世界其他先进战斗机，其超音速巡航能力和隐身性能更是多数战斗机尚未能实现的能力。F-22 战斗机的雷达反射面积只有 0.01 平方米，同一只普通的飞鸟无异。该机装有 1 门 20 毫米 M61“火神”机炮，备弹 480 发。在空对空构型时，通常携带 6 枚 AIM-120 先进中程空对空导弹和 2 枚 AIM-9“响尾蛇”空对空导弹。在空对地构型时，则携带 2 枚联合直接攻击弹药（或 8 枚 GBU-39 小直径炸弹）、2 枚 AIM-120 先进中程空对空导弹和 2 枚 AIM-9“响尾蛇”空对空导弹。

美国 F-35“闪电Ⅱ”战斗机

F-35“闪电Ⅱ”（F-35 Lightning Ⅱ）战斗机是由洛克希德·马丁公司研制的单发单座多用途战机，2015 年 7 月开始服役。

基本参数	
长度	15.67 米
高度	4.33 米
翼展	10.7 米
重量	13 154 千克
最高速度	1 930 千米 / 时
相关简介	

配备的头盔显示器

驾驶舱外部特写

研发历史

F-35 战斗机源于美军的“联合打击战斗机”（Joint Strike Fighter，JSF）计划，主要用于前线支援、目标轰炸、防空截击等多种任务，并因此发展出三种主要的衍生版本，包括采用传统跑道起降的 F-35A 型，短距离 / 垂直起降的 F-35B 型，以及作为舰载机的 F-35C 型。2015 年 7 月，F-35B 型开始进入美国海军陆战队服役。2016 年 8 月，F-35A 型也开始进入美国空军服役。至于 F-35C 型，则在 2019 年 2 月进入美国海军服役。

实战性能

F-35 战斗机属于具有隐身设计的第五代战斗机，作战半径超过 1000 千米，具备有限的类超音速巡航能力。该机装有 1 门 25 毫米 GAU-12/A“平衡者”机炮，备弹 180 发。除机炮外，F-35 战斗机还可以挂载 AIM-9X、AIM-120、AGM-88、AGM-154、AGM-158、海军打击导弹、远程反舰导弹等多种导弹武器，并可使用联合直接攻击炸弹、风修正弹药洒布器、“铺路”系列制导炸弹、GBU-39 小直径炸弹、Mk 80 系列无导引炸弹、CBU-100 集束炸弹、B61 核弹等，火力十分强劲。

美国 AV-8B“海鹞Ⅱ”攻击机

AV-8B“海鹞Ⅱ”(AV-8B Harrier Ⅱ)攻击机是由麦克唐纳•道格拉斯公司生产的舰载垂直/短距起降攻击机，一共制造了 337 架，从 1985 年服役至今。

驾驶舱外部特写

发动机进气口特写

研发历史

AV-8B 攻击机不是由美国自行研发的机种，而是美军现役中极少数从国外引进、取得生产权的武器系统。该机的原始设计源自英国的“鹞”式攻击机，在美国生产的编号为 AV-8A，用作近距离的空中支援和侦察。有鉴于 AV-8A 攻击机的性能不完全满足美国海军陆战队的需要，尤其是在载弹量方面。于是，麦克唐纳•道格拉斯公司和英国宇航公司对其进行了改进，将 AV-8A 攻击机改进成为 AV-8B 攻击机。AV-8B 攻击机的生产型于 1981 年 11 月首次试飞，1985 年正式服役。

基本参数	
长度	14.12 米
高度	3.55 米
翼展	9.25 米
重量	6 745 千克
最高速度	1 083 千米/时
相关简介	

实战性能

AV-8B 攻击机安装了前视红外探测系统、夜视镜等夜间攻击设备，夜间战斗能力很强。该机的起飞滑跑距离不到 F-16 战斗机的 1/3，适于前线使用。AV-8B 攻击机的机身下有两个机炮/弹药舱，各装 1 门 5 管 25 毫米机炮，备弹 300 发。该机还有 7 个外部挂架，可挂载 AIM-9L“响尾蛇”导弹、AGM -65“小牛”导弹，以及各类炸弹和火箭弹。

美国 A-10“雷电Ⅱ”攻击机

A-10“雷电Ⅱ”（A-10 Thunderbolt Ⅱ）攻击机是由费尔柴德公司研制的双发单座攻击机，一共制造了 716 架，从 1977 年服役至今。

头部特写

发动机尾喷口特写

基本参数	
长度	16.16 米
高度	4.42 米
翼展	17.42 米
重量	11 321 千克
最高速度	706 千米 / 时
相关简介	

研制历史

A-10 攻击机源于美国空军在 1966 年 9 月展开的攻击机试验计划，其绰号来自二战时期在密接支援任务上表现出色的 P-47“雷电”攻击机。A-10 攻击机于 1972 年 5 月首次试飞，1977 年开始装备美国空军。该机有多个型号，在经过升级和改进之后，预计一部分 A-10 攻击机将会持续使用至 2028 年。

实战性能

A-10 攻击机的设计非常适合低空作战。该机所采用的中等厚度大弯度平直下单翼、尾吊双发、双垂尾的常规布局，是决定其成为优秀武器平台的关键。这种设计不仅便于安排翼下挂架，而且有利于长长的平尾与两个垂直尾翼遮蔽发动机排出的火焰与气流，有利于抑制红外制导的地空导弹的攻击。尾吊发动机不仅可以简化设计、减轻结构重量，在起降时还可最大限度地避免发动机吸入异物。两个垂直尾翼增加了飞行安定性。长长的机翼，不仅可以提高航程，还可以实现短距起降，下垂的翼端设计还可减小阻力，增加约 8% 的航程。

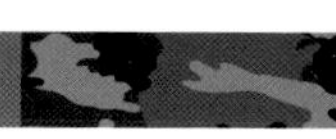

美国 B-52“同温层堡垒”轰炸机

B-52“同温层堡垒”（B-52 Stratofortress）轰炸机是由波音公司研制的八发远程战略轰炸机，一共制造了 744 架，从 1955 年服役至今。

驾驶舱内部特写

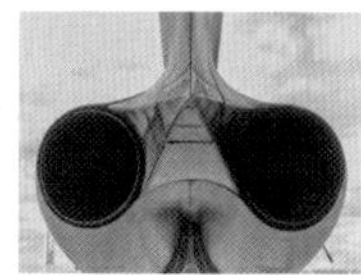

发动机特写

基本参数	
长度	48.5 米
高度	12.4 米
翼展	56.4 米
重量	83 250 千克
最高速度	1 000 千米 / 时
相关简介	

研发历史

B-52 轰炸机于 1948 年提出设计方案，1952 年第一架原型机首次试飞，1955 年批量生产型开始交付使用，先后发展了 B-52A、B-52B、B-52C、B-52D、B-52E、B-52F、B-52G、B-52H 等型别。由于 B-52 轰炸机的升限最高可处于地球同温层，所以被称为“同温层堡垒”。1962 年，B-52 轰炸机停止生产，前后一共生产了 744 架。该机服役时间极长，时至今日已经超过半个世纪，但它仍然是美国空军战略轰炸的主力，美国空军还计划让其持续服役至 2050 年。

实战性能

B-52 轰炸机装有 1 门 20 毫米 M61“火神”机炮，另外还可以携带 31 500 千克各型常规炸弹、导弹或核弹，载弹量非常大。Mk 28 核炸弹是 B-52 轰炸机的主战装备，在弹舱内特制的双层挂架上可以密集携带 4 枚，分两层各并列放置 2 枚。为增强突防能力，B-52 轰炸机还装备了 AGM-28“大猎犬”巡航导弹。值得一提的是，B-52 轰炸机是美国现役战略轰炸机中唯一可以发射巡航导弹的机种。

美国 B-1B“枪骑兵”轰炸机

B-1B“枪骑兵”（B-1B Lancer）轰炸机是由北美飞机公司研制的超音速可变后掠翼重型远程战略轰炸机，一共制造了 100 架，从 1986 年服役至今。

驾驶舱内部特写

弹仓内部特写

基本参数	
长度	44.5 米
高度	10.4 米
翼展	41.8 米
重量	87 100 千克
最高速度	1 529 千米 / 时
相关简介	

研发历史

早在 20 世纪 50 年代末，美国空军就已经计划发展一种最高速度可达 3 马赫的战略轰炸机 XB-70，但该计划后来流产。在放弃 B-70 后，美国空军又计划发展一种以音速低空进攻为主的轰炸机。20 世纪 70 年代，北美航空提出以 B-70 的技术为基础研制 B-1 轰炸机，造出 4 架 B-1A 原型机，并于 1974 年首次试飞，后由于造价昂贵遭到卡特总统取消。1981 年，里根总统上任后，美国空军恢复了订购。新的 B-1B 原型机于 1983 年 3 月首飞，1985 年开始批量生产。

实战性能

为了兼顾高速性能和良好的低速起降性能，B-1B 轰炸机采用了可变后掠翼设计，这使它可在无法部署 B-52 轰炸机的机场起降。B-1B 有 3 个弹舱，一个在主起落架舱后的后机身，紧邻发动机舱；其余两个在主起落架舱前方的前机身。理论上 B-1B 可安装外置武器挂架，每个弹舱舱门外侧可安装一对双联挂架，另外在中部弹舱挂架外侧还可安装一对单挂架，共可外挂 14 件战略武器，但是挂架很少使用。

趣味小知识

B-1B 轰炸机是美国空军战略威慑的主要力量，也是美国现役数量最多的战略轰炸机。

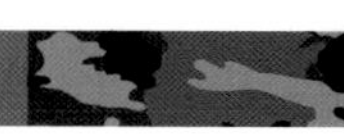

美国 B-2“幽灵”轰炸机

B-2“幽灵”（B-2 Spirit）轰炸机是由诺斯洛普·格鲁曼公司和波音公司研制的隐身战略轰炸机，一共制造了 21 架，从 1997 年服役至今。

驾驶舱内部特写

驾驶舱外部特写

研发历史

1981 年 10 月 20 日，诺斯洛普 / 波音团队打败洛克希德 / 洛克威尔团队，赢得先进技术轰炸机（Advanced Technology Bomber，ATB）计划，在麻省理工学院科学家协助之下为美国空军研制生产新型轰炸机。1989 年 7 月，B-2 原型机首次试飞，之后又经历了军方进行的多次试飞和严格检验，生产厂家还不断根据空军所提出的种种意见而进行设计修改。1997 年，B-2 轰炸机正式服役。因造价太过昂贵和保养维护复杂的原因，B-2 轰炸机至今一共只生产了 21 架。

基本参数	
长度	21 米
高度	5.18 米
翼展	52.4 米
重量	71 700 千克
最高速度	764 千米 / 时
相关简介	

实战性能

B-2 轰炸机的两个旋转弹架能携带 16 枚 AGM-129 巡航导弹，也可携带 80 枚 MK 82 或 16 枚 MK 84 普通炸弹或 36 枚 CBU-87 集束炸弹，使用新型的 TSSM 远程攻击弹药时携弹量为 16 枚。当使用核武器时，可携带 16 枚 B63 核炸弹。此外，AGM-129 巡航导弹也可装载核弹头。2002 年 2 月，B-2 轰炸机增加了使用联合防区外空对地导弹的能力。外翼段内部的大多数空间被油箱占据，发动机舱之间的机身下方并列布置了 2 个大型弹舱，每个弹舱可挂载波音研制的先进旋转式挂架，可挂载 8 枚 908 千克级弹药，也可安装 2 个炸弹挂架组件以挂载常规弹药。

美国 P-8“波塞冬”反潜巡逻机

P-8“波塞冬”（P-8 Poseidon）反潜巡逻机是由波音公司研制的反潜巡逻机，2013 年开始服役，截至 2019 年 6 月一共制造了 106 架。

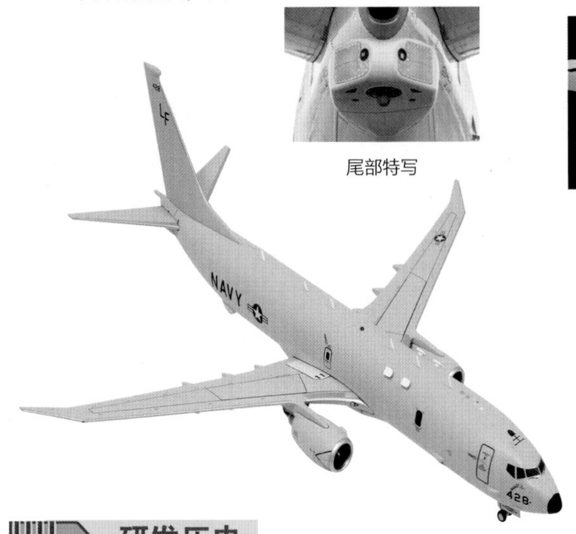

尾部特写

驾驶舱特写

基本参数	
长度	39.47 米
高度	12.83 米
翼展	37.94 米
重量	62 730 千克
最高速度	907 千米 / 时
相关简介	

研发历史

21 世纪初，美国海军计划发展新一代反潜巡逻机。2004 年 6 月，美国海军比较波音公司与洛克希德 • 马丁两家公司规划案在技术、管理、经费、时程等方面的差异后，宣布由波音公司赢得总金额 39 亿美元的系统发展验证合约，并制造 5 架全尺寸原型机和 2 架生产型飞机。2005 年 3 月，美国海军为新型反潜巡逻机赋予 P-8 编号，2005 年 11 月完成初步设计审查。2009 年 4 月，P-8 反潜巡逻机首次试飞。2013 年 11 月，P-8 反潜巡逻机进入美国海军服役。此外，该机还被澳大利亚空军、印度海军、挪威空军、英国空军采用。

实战性能

与美国海军 P-3 反潜巡逻机相比，P-8 反潜巡逻机内部的大空间能安装更多设备，翼下也能挂载更多武器。P-8 反潜巡逻机有 5 个内置武器挂载点与 6 个外置武器挂载点，可以使用 AGM-84“鱼叉”反舰导弹和 AGM-65“小牛”空对地导弹，还可挂载 15 000 千克炸弹、鱼雷或水雷等武器。该机装有雷神公司研制的 AN/APY-10 雷达，具有 6 种不同的工作模式。

美国 EA-18G“咆哮者”电子战飞机

EA-18G“咆哮者”(EA-18G Growler)电子战飞机是由波音公司以 F/A-18F“超级大黄蜂”战斗 / 攻击机为基础研制的电子战飞机，从 2009 年服役至今。

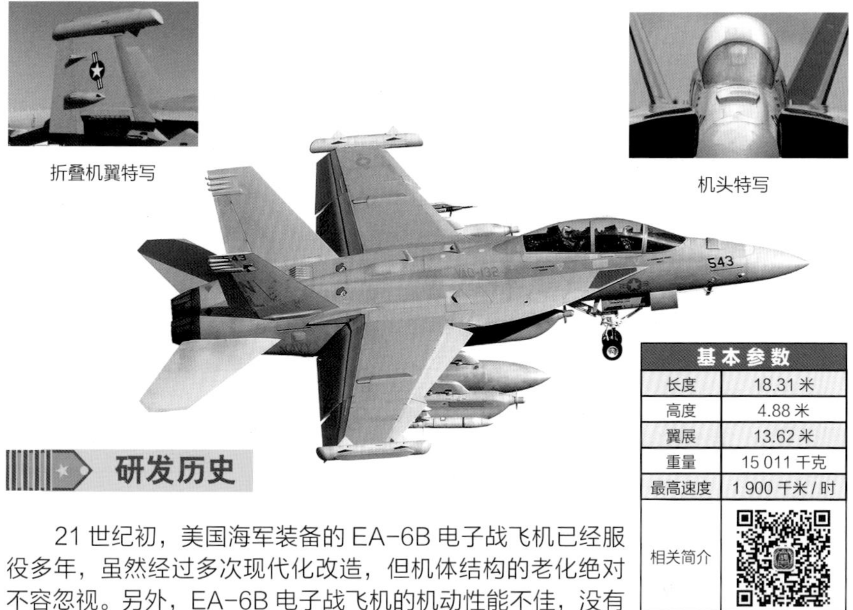

折叠机翼特写

机头特写

基本参数	
长度	18.31 米
高度	4.88 米
翼展	13.62 米
重量	15 011 千克
最高速度	1 900 千米 / 时
相关简介	

研发历史

21 世纪初，美国海军装备的 EA-6B 电子战飞机已经服役多年，虽然经过多次现代化改造，但机体结构的老化绝对不容忽视。另外，EA-6B 电子战飞机的机动性能不佳，没有空战能力，执行任务必须依靠其他战机护航。所以，面对未来战场严峻的形势，美国海军迫切需要装备新一代电子战飞机。2002 年 12 月，美国海军正式启动 EA-18G 电子战飞机项目，波音公司是主承包商，诺斯洛普·格鲁曼公司负责集成电子战套件。2006 年 8 月，波音公司第一架量产型 EA-18G 电子战飞机首次试飞。在经过众多测试后，EA-18G 电子战飞机于 2009 年 9 月正式服役。

实战性能

EA-18G 与 F/A-18F Block II 批次保持了 90% 的共通性，最大的改动在软件上，这无疑能大大降低后勤保障的压力，也节省了飞行员完成新机改装训练所需的时间与费用。EA-18G 可挂载和投放多种武器，其中包括 AGM-88 反辐射导弹和 AIM-120 空对空导弹，虽然 EA-18G 没有内置机炮，但其具备相当的空战能力，不仅足以自卫，甚至可以执行护航任务。EA-18G 拥有强大的电磁攻击能力，凭借诺斯洛普·格鲁曼公司为其设计的 ALQ-218V(2) 战术接收机和新的 ALQ-99 战术电子干扰吊舱，它可以高效地执行压制敌方导弹雷达系统的任务。

美国 C-17“环球霸王Ⅲ”运输机

C-17“环球霸王Ⅲ”（C-17 Globemaster Ⅲ）运输机是由美国麦克唐纳·道格拉斯公司研发的大型战略/战术运输机，1995年1月开始服役。

货舱内部特写

驾驶舱内部特写

研发历史

基本参数	
长度	53 米
高度	16.8 米
翼展	51.75 米
重量	128 100 千克
最高速度	829 千米/时
相关简介	

C-17运输机是美国迄今为止历时最久的飞机研制计划，从1981年麦克唐纳·道格拉斯公司赢得发展合约到1995年完成全部的飞行测试，一共耗时14年。在发展经费方面，它是美国有史以来耗资第三大的军用飞机，仅次于B-2“幽灵”轰炸机和E-3“望楼”预警机。C-17运输机于1991年9月15日首次试飞，1995年1月开始服役。

实战性能

C-17运输机的货舱可并列停放3辆吉普车，2辆卡车或1辆M1A2坦克，也可装运3架AH-64武装直升机。在执行空投任务时，可空投27 215～49 895千克货物，或102名全副武装的伞兵和1辆M1主战坦克。C-17运输机的货舱门关闭时，舱门上还能承重18 150千克，相当于C-130全机的装载量。C-17运输机对起落环境的要求极低，最窄可在18.3米宽的跑道上起落，能在90×132米的停机坪上运动。

趣味小知识

C-17运输机集战略和战术空运能力于一身。在货舱设计上，尽管C-17运输机外形尺寸和C-141运输机差不多，但其货舱尺寸却与外形尺寸比C-17运输机大的C-5运输机相当。

美国 KC-46“飞马”空中加油机

KC-46“飞马”（KC-46 Pegasus）空中加油机是由美国波音公司研制的空中加油机，衍生自波音 767 客机，也可作为战略运输机使用。

发动机吊舱特写

驾驶舱内部特写

基本参数	
长度	50.5 米
高度	15.9 米
翼展	48.1 米
重量	82 377 千克
最高速度	1 046 千米 / 时
相关简介	

研发历史

21 世纪初，美国空军决定采用 KC-767 空中加油机取代老旧的 KC-135E 空中加油机。2003 年 12 月，这一合同因涉嫌贪污而被终止。2011 年 2 月 24 日，美国空军重新选用了波音公司的修改版 KC-767 计划，并更名为 KC-46 空中加油机。2014 年 12 月 28 日，KC-46 空中加油机第一架原型机成功进行了首飞，飞行时间为 3.5 小时，标志着美国在下一代空中加油机的发展上又取得了新的里程碑。2019 年年初，KC-46 空中加油机进入美国空军服役。

实战性能

KC-46 空中加油机采用美国空军通用的伸缩套管加油模式和“远距空中加油操作者”系统，具备一次为 8 架战斗机补充燃料的能力，能为目前所有的西方战斗机进行加油。KC-46 空中加油机更突出的特点是采用了可变换货舱的结构设计，同时具有运输机和加油机的功能。在保持加油能力的前提下，可以容纳 200 名乘客和 4 辆军用卡车。KC-46 空中加油机比 KC-135 空中加油机能多载 20% 的燃料，而货物和人员运输能力更是 KC-135 空中加油机的 3 倍。

趣味小知识

KC-46 空中加油机采用了源于波音 787 客机的先进座舱，不仅使得座舱达到先进水平，也便于与加油机需要的军用电子系统对接。

美国 SH-60“海鹰”直升机

SH-60“海鹰”（SH-60 Seahawk）直升机是西科斯基飞机公司研制的中型舰载直升机，从 1984 年服役至今。

尾桨特写

旋翼桨毂特写

基本参数	
长度	19.75 米
高度	5.2 米
翼展	16.35 米
重量	6 895 千克
最高速度	270 千米 / 时
相关简介	

研发历史

20 世纪 70 年代末，西科斯基飞机公司依照美国海军的需求重新打造了 UH-60“黑鹰”直升机，以替代老化的 SH-2“海妖”直升机。1979 年 12 月，SH-60“海鹰”直升机首次试飞。1983 年 4 月，生产型开始交付使用。“海鹰”直升机有 SH-60B、CH-60E、SH-60F、HH-60H、SH-60J、MH-60R、MH-60S 等多种衍生型，其中 SH-60B 和 SH-60F 是使用最广泛的型号。除美国外，SH-60 直升机还外销到澳大利亚、巴西、丹麦、希腊、日本、韩国、沙特阿拉伯、新加坡、西班牙、泰国、土耳其等多个国家。

实战性能

SH-60 直升机的主要反潜武器为 2 枚 Mk 46 声自导鱼雷，但在执行搜索任务时，可以将这 2 枚鱼雷换成 2 个容量为 455 升的副油箱。SH-60B 直升机和 SH-60F 直升机的主要区别在于反潜的方法不同：前者主要依赖驱逐舰上的声呐发现敌方潜艇，然后抵近可疑区域对目标精确定位并发起鱼雷攻击；后者则用于航空母舰周围的短距反潜，主要依赖其 AQS-13F 悬吊声呐探测雷达。

趣味小知识

SH-60J 是日本向美国引进的，美国西科斯基授权日本三菱重工生产的日本海上自卫队型号。

美国 AH-64“阿帕奇”武装直升机

AH-64“阿帕奇”（AH-64 Apache）直升机是由麦克唐纳·道格拉斯公司（现波音公司）研制的全天候双座武装直升机，从 1986 年服役至今。

火箭发射巢

驾驶舱外部特写

研发历史

基本参数	
长度	17.73 米
高度	3.87 米
翼展	14.63 米
重量	5 165 千克
最高速度	293 千米 / 时
相关简介	

20 世纪 70 年代初期，鉴于 AH-1“眼镜蛇”武装直升机在实战中表现良好，美国陆军决心发展一种更为先进的武装直升机，并提出了“先进技术武装直升机”（AAH）计划，要求研制一种具备较强环境适应力，可昼夜作战且要具备较强战斗力、救生能力和生存能力的先进技术直升机。波音、贝尔、休斯、洛克希德、西科斯基五家公司参与了竞标，其中贝尔和休斯进入了第二阶段竞标。休斯的 YAH-64 原型机于 1975 年 9 月首次试飞，1976 年 5 月竞标获胜，1981 年正式被命名为“阿帕奇”。

实战性能

AH-64 直升机的主要武器为 1 门 30 毫米 M230“大毒蛇”链式机关炮，备弹 1200 发。该机有 4 个武器挂载点，可挂载 16 枚 AGM-114“地狱火”导弹，或 76 枚火箭弹（4 个 19 管火箭发射巢），也可混合挂载。此外，改进型号还可使用 AIM-92“刺针”、AGM-122“赛德阿姆”、AIM-9“响尾蛇”、BGM-71“拖”式等导弹。AH-64 直升机旋翼的任何部分都可抗击 12.7 毫米子弹，机身表面的大部分位置在被 1 发 23 毫米炮弹击中后，都能保证继续飞行 30 分钟。前后座舱装甲也能够抵御 23 毫米炮弹的攻击，在 2 台发动机的关键部位也加强了装甲防护。

美国 MV-22“鱼鹰”倾转旋翼机

MV-22“鱼鹰”倾转旋翼机是由美国贝尔直升机公司和波音公司联合设计制造的倾转旋翼机，主要用于物资运输。

货舱内部特写

旋翼特写

研发历史

MV-22 倾转旋翼机于 20 世纪 80 年代开始研发，1989 年 3 月 19 日首飞成功，经历长时间的测试、修改、验证工作后，于 2007 年 6 月 13 日进入美国海军陆战队服役，取代服役较久的 CH-46“海骑士”直升机，执行运输及搜救任务。2009 年起，美国空军也开始部署空军专用的衍生版本。目前，MV-22 倾转旋翼机已被美国空军及海军陆战队部署于伊拉克、阿富汗和利比亚等地。

基本参数	
长度	17.5 米
高度	11.6 米
翼展	14 米
重量	15 032 千克
最高速度	565 千米 / 时
相关简介	

性能解析

MV-22 倾转旋翼机是一种将固定翼机和直升机特点融为一体的新型飞行器，既具备直升机的垂直升降能力，又拥有螺旋桨飞机速度较快、航程较远及油耗较低的优点。MV-22 倾转旋翼机的时速超过 500 千米，堪称世界上速度最快的直升机。不过，MV-22 倾转旋翼机也有技术难度高、研制周期长、气动特性复杂、可靠性及安全性低等缺陷。

俄罗斯米格 -29“支点”战斗机

米格 -29 战斗机是由米高扬设计局研制的双发高性能制空战斗机，北约代号为“支点”。

驾驶舱内部特写

驾驶舱外部特写

研发历史

基本参数	
长度	17.32 米
高度	4.73 米
翼展	11.36 米
重量	11 000 千克
最高速度	2 400 千米 / 时
相关简介	

1969 年，苏联开始发展“未来前线战斗机”计划。1971 年，这个计划被一分为二，即“重型先进战术战斗机”、“轻型先进战术战斗机”。前者由苏霍伊设计局负责，后者则交由米高扬设计局，最终促成了苏 -27 战斗机和米格 -29 战斗机的问世。米格 -29 的原型机于 1977 年 10 月首次试飞，1982 年投入批量生产，同年开始装备部队。

实战性能

米格 -29 在气动设计上的最大特色，就是其精心设计的翼身融合体。米格 -29 的主机身和机翼内段之间呈圆滑过渡，机翼内段前端形成边条，后掠角 73.5 度。机翼外段前沿后掠角 42 度，展弦比 3 ：5，2 度下反角。翼身融合体带来的升力占总升力的 40%。米格 -29 装有 1 门 30 毫米 Gsh-301 机炮，备弹 150 发。机翼下有 7 个挂点，机翼每侧 3 个，机身中轴线下 1 个，最大载弹量为 2 000 千克。与以往的苏制战机相比，米格 -29 战斗机的驾驶舱视野有所改善，但仍然不及同时期的西方战斗机。

趣味小知识

2008 年 8 月南奥塞梯冲突中，俄罗斯空军的米格 -29 和苏 -27 战斗机击落了一架格鲁吉亚的苏 -25 攻击机。

俄罗斯米格 -31“捕狐犬”战斗机

米格 -31 战斗机是由米高扬设计局研制的双座全天候战斗机，北约代号为“捕狐犬”（Foxhound），一共制造了 519 架。

驾驶舱内部特写

发动机尾喷口特写

研发历史

20 世纪 70 年代，苏联空军决定在米格 -25 战斗机的基础上，加装大功率相控阵雷达，并改善飞行性能，米格 -31 战斗机由此而生。该机于 1975 年 9 月 16 日首次试飞，1979 年开始小批量生产，1980 年开始交付部队使用，1981 年正式服役。

基本参数	
长度	22.69 米
高度	6.15 米
翼展	13.46 米
重量	21 820 千克
最高速度	3 255 千米 / 时
相关简介	

实战性能

与米格 -25 战斗机相比，米格 -31 战斗机的机头更粗、翼展更大，增加了锯齿前缘，进气口侧面带附面层隔板，换装推力更大的引擎并加强机体结构，以适应低空超音速飞行。此外，增加了外挂点，攻击火力大大加强。米格 -31 有 8 个外挂架，机身下 4 个，可挂 4 枚 R-33 导弹或 4 枚 R-37 导弹；两侧机翼下各有两个外侧挂架，可以挂 2 枚 R-40T 中距红外导弹。米格 -31 的辅助武器为 1 门 23 毫米 Gsh-6-23 六管机炮或 30 毫米 Gsh-6-30 六管机炮，均备弹 260 发。

趣味小知识

米格 -31 战斗机是苏制武器“大就是好”的典型代表，其机身巨大、推力引擎耗油高、相控阵雷达功率极强，至今仍能接受各种升级改装。

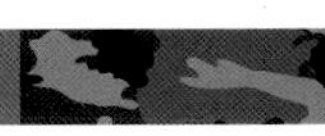

俄罗斯米格 -35“支点 F”战斗机

米格 -35 战斗机是由米高扬设计局研制的多用途喷气式战斗机，北约代号为“支点 F”（Fulcrum-F）。

头部特写

驾驶舱内部特写

基本参数	
长度	17.3 米
高度	4.7 米
翼展	12 米
重量	11 000 千克
最高速度	2 600 千米 / 时
相关简介	

研发历史

米格 -35 战斗机的研制计划于 1996 年首度公开，原型机于 2007 年首次试飞。在 2012 年印度的军机采购案中，米格 -35 战斗机一度入选，但 2011 年印度宣布将采购欧洲战机，这导致米格 -35 战斗机的批量生产计划一度被取消。2013 年 5 月，俄罗斯宣布采购最少 24 架米格 -35 战斗机，计划于 2019 年投入现役。2014 年 4 月，有报道称埃及空军计划拨款 30 亿美元采购 24 架米格 -35 战斗机。

实战性能

米格 -35 战斗机基本上可被视为米格 -29K 舰载战斗机的陆基型，沿用了新一代米格 -29K 的机身结构，重新设计进气口并在边条内增加油箱，重塑机身外形，增加机背油箱。米格 -35 战斗机装备了全新的相控阵雷达，其火控系统中还整合了经过改进的光学定位系统，可在关闭机载雷达的情况下对空中目标实施远距离探测。该机的固定武器是 1 门 30 毫米机炮，用于携带各种导弹和炸弹的外挂点为 9 个，总载弹量为 6 000 千克。

趣味小知识

米格 -35 战斗机的空对空武器主要是 RVV-SD 中距主动雷达制导导弹和 RVV-MD 视距内格斗导弹。

俄罗斯苏-27“侧卫”战斗机

苏-27战斗机是由苏霍伊设计局研制的双发单座全天候重型战斗机，北约代号为“侧卫”（Flanker）。

机鼻部位特写

翼下挂架特写

研发历史

基本参数	
长度	21.94米
高度	5.93米
翼展	14.7米
重量	17 450千克
最高速度	2 876千米/时
相关简介	

20世纪60年代，美国相继发展了F-15重型战斗机和F-16轻型战斗机。作为回应，苏联从1969年开始发展“未来前线战斗机”计划（PFI）。参与该项目竞标的有雅克列夫设计局的雅克-45、米高扬设计局的米格-29以及苏霍伊设计局的T-10（苏-27的原型机）。最后，米格-29和T-10胜出。前者用于对抗F-16战斗机，后者用于对抗F-15战斗机。

实战性能

苏-27战斗机的机动性和敏捷性较好，续航时间长，可以进行超视距作战。不过，苏-27战斗机的机载电子设备和座舱显示设备较为落后，且不具备隐身性能。苏-27战斗机的固定武器为1门30毫米GSh-30-1机炮，备弹150发。10个外部挂架可挂载4 430千克导弹，包括R-27、R-73和R-60M等空对空导弹。

趣味小知识

在1989年巴黎航展上，苏联宣布了一条震惊世界航空界的消息：在1986年到1988年，苏-27战斗机创下了爬升和飞行高度两项世界纪录。

俄罗斯苏 -30“侧卫 C”战斗机

苏 -30 战斗机是由苏霍伊设计局研制的多用途重型战斗机，北约代号为“侧卫 C”（Flanker-C）。

驾驶舱外部特写

腹部特写

研发历史

1986 年，苏霍伊设计局展开苏 -27PU 长程拦截研发案，试验机于 1987 年 7 月 6 日首次试飞。1991 年，苏 -27PU 获得新的编号——苏 -30。1992 年，第一架生产型苏 -30 战斗机首次试飞。1996 年，苏 -30 战斗机正式服役。除装备俄罗斯空军外，该机还出口到阿尔及利亚、安哥拉、亚美尼亚、印度、印度尼西亚、哈萨克斯坦、马来西亚、缅甸、乌干达、委内瑞拉等国。

基本参数	
长度	21.935 米
高度	6.36 米
翼展	14.7 米
重量	17 700 千克
最高速度	2 120 千米 / 时
相关简介	

实战性能

苏 -30 战斗机为双发双座设计，外形与苏 -27 战斗机非常相似。苏 -30 战斗机的油箱容量较大，具有长航程的特性，而且还具备空中加油能力。该机具有超低空持续飞行能力、极强的防护能力和出色的隐身性能，在缺乏地面指挥系统信息时仍可独立完成歼击与攻击任务，其中包括在敌方纵深执行战斗任务。苏 -30 战斗机能够承担全范围的战术打击任务，包括夺取空中优势、防空作战、空中巡逻及护航、压制敌方防空系统、空中拦截、近距空中支援，以及对海攻击等。此外，苏 -30 战斗机还具备空中早期预警、指挥和调控己方机群进行联合空中攻击的能力。

俄罗斯苏 -33“侧卫 D”战斗机

苏 -33 战斗机是由苏霍伊设计局在苏 -27 战斗机基础上研制的单座双发多用途舰载机，北约代号为“侧卫 D”(Flanker-D)。

研发历史

基本参数	
长度	21.94 米
高度	5.93 米
翼展	14.7 米
重量	18 400 千克
最高速度	2 300 千米 / 时
相关简介	

苏 -33 战斗机是从苏 -27 战斗机衍生而来的舰载机型号，1987 年 8 月首次试飞，1998 年 8 月正式服役，其北约代号也延续自苏 -27 战斗机，被称为“侧卫 D”或“海侧卫”。目前，该机主要部署于俄罗斯海军唯一的现役航空母舰“库兹涅佐夫”号上。

实战性能

苏 -33 战斗机的机身结构与苏 -27 战斗机基本相同，都由前机身、中央翼和后机身组成。该机增大了主翼面积，且为满足舰载机采用拦阻方式着舰时所需要承受的 5G 纵向过载，对机身主要承力结构进行了大幅加强。前起落架支柱直接与机身主承力结构连接，加强了前起落架的结构强度，并且改用了双前轮。主起落架直接连接在机身侧面的尾梁上，通过加强的结构和液压减振系统，使主起落架可以承受在舰上拦阻着陆时 6 ~ 7 米 / 秒的下沉率。为了避免飞离甲板的瞬间机身过重而翻覆，起飞时不能满载弹药和油料，这成为苏 -33 战斗机的致命缺陷。

趣味小知识

2016 年 11 月，俄罗斯国防部部长谢尔盖•绍伊古表示，在叙作战行动启用搭载苏 -33 战机的“库兹涅佐夫”号航空母舰，以打击恐怖分子，这在俄罗斯海军史上尚属首次。

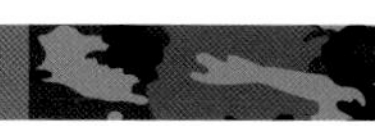

俄罗斯苏 -34“后卫”战斗轰炸机

苏 -34 战斗轰炸机是由苏霍伊设计局研制的双发重型战斗轰炸机，北约代号为“后卫”（Fullback）。该机从 2014 年开始服役，截至 2019 年 6 月一共制造了 127 架。

起落架特写

发动机尾喷口特写

研发历史

基本参数	
长度	23.34 米
高度	6.09 米
翼展	14.7 米
重量	14 000 千克
最高速度	2 200 千米 / 时
相关简介	

苏 -34 战斗轰炸机是由苏 -27 重型战斗机改进而成，其最初型号为代号苏 -27IB 的试验机，试验机于 1990 年 4 月首次试飞，预生产型于 1993 年 12 月首次试飞。由于经费原因，原本 2002 年全面列装的计划不得不推迟，直到 2007 年 7 月俄罗斯国防部才宣布正式接收苏 -34 战斗轰炸机。

实战性能

苏 -34 战斗轰炸机采用了许多先进的装备，包括装甲座舱、液晶显示器、新型数据链、新型火控计算机、后视雷达等。为了适应轰炸任务，该机在座舱外加装了厚达 17 毫米的钛合金装甲。苏 -34 战斗轰炸机拥有 12 个外部挂架，可挂载大量导弹、炸弹和各类荚舱，具备多任务能力。此外，该机还加强了起落架的负载能力，其双轮起落架使其具备在前线野战机场降落的能力，大大增强了作战灵活性。

趣味小知识

苏 -34 战斗轰炸机第一次实战是 2008 年的南奥塞梯冲突，只执行了空中电子压制任务。

俄罗斯苏 -35“侧卫 E”战斗机

苏 -35 战斗机是由苏霍伊设计局研制的双发单座多用途重型战斗机，北约代号为“侧卫 E”（Flanker-E）。

尾翼特写

驾驶舱外部特写

研发历史

基本参数	
长度	22.2 米
高度	6.43 米
翼展	15.15 米
重量	17 500 千克
最高速度	2 450 千米 / 时
相关简介	

20 世纪 80 年代初期，苏 -27S 战斗机刚刚问世，苏霍伊设计局就开始了大改苏 -27 战斗机的构想，也就是后来的苏 -27M 计划，要将苏 -27 战斗机改为先进的多用途战斗机。1988 年 6 月，苏 -27M 战斗机首次试飞。1992 年 9 月，新机被更名为苏 -35 战斗机。2014 年，俄罗斯空军开始少量装备苏 -35 战斗机。

实战性能

苏 -35 战斗机装有 1 门 30 毫米 Gsh-301 机炮，机身和机翼下共有 12 个外挂点，采用多用途挂架可有 14 个外挂点。所有外挂点的最大挂载量为 8000 千克，正常空战挂载量则为 1400 千克。理论上，苏 -35 战斗机能发射所有俄制精确制导武器，如 R-27 空对空导弹、R-73 空对空导弹、R-77 空对空导弹、Kh-29 反舰导弹、Kh-59 巡航导弹、Kh-31 反辐射导弹，以及 KAB-500、KAB-1500 系列制导炸弹等。

趣味小知识

苏 -35 战斗机装备了“探管 - 锥套”空中受油系统，探管从机头左侧伸出，加油速度为每分钟 1 100 升。

俄罗斯苏 -57 战斗机

苏 -57 战斗机是由俄罗斯在“未来战术空军战斗复合体”（PAK FA）计划下研制的第五代战斗机，计划于 2019 年开始服役。

尾翼特写

驾驶舱外部特写

研发历史

基本参数	
长度	19.8 米
高度	4.8 米
翼展	14 米
重量	17 500 千克
最高速度	2 600 千米 / 时
相关简介	

2002 年，苏霍伊设计局在融合苏 -47 和米格 -1.44 这两款战机的技术后，制造出了 T-50 战斗机。T-50 战斗机的研制计划比美国 F-22 战斗机还早两年，但由于经费紧缺，其首次试飞时间（2010 年 1 月 29 日）足足落后了 13 年。到 2015 年秋季，T-50 战斗机的 5 架原型机完成了 700 架次试飞，其中多架原型机都经历了长时间的维修。2017 年 8 月，T-50 战斗机被正式命名为苏 -57 战斗机。

实战性能

苏 -57 战斗机采用优异的气动布局，雷达、光学及红外线特征都较小。从飞机整体布局来看，苏 -57 战斗机的机身扁平，显然延续了苏 -27 战斗机的升力体设计。加上机翼面积较大，翼载荷较低，因此苏 -57 战斗机具备较大的升力系数。另外，其机翼前缘后掠角大于 F-22 战斗机，这显示苏 -57 战斗机更重视高速飞行和超音速拦截能力。该机装有 1 门 30 毫米 GSh-301 机炮，并拥有至少两个大型武器舱，主要用于装载远程空对空导弹和中程空对空导弹，也可装载空对地导弹和制导炸弹。

俄罗斯苏-25“蛙足”攻击机

苏-25“蛙足”（Su-25 Frogfoot）攻击机是由苏联苏霍伊设计局研制的双发单座亚音速攻击机，主要执行密接支援任务。

驾驶舱内部特写

机头头部特写

研发历史

1968年，苏军提出了新型攻击机的研发计划，要求能在前线150千米以内目视攻击敌人的地面目标、直升机和低速飞机，还要求能尽快投产。雅克列夫设计局、伊留申设计局和苏霍伊设计局参加了竞标，最终苏霍伊设计局的方案被选中，设计局编号为T-8。1975年2月，苏-25攻击机的原型机首次试飞。1978年，苏-25攻击机开始批量生产，但直到1981年才形成全面作战能力。

基本参数	
长度	15.53米
高度	4.8米
翼展	14.36米
重量	9 800千克
最高速度	975千米/时
相关简介	

实战性能

苏-25攻击机能在靠近前线的简易机场上起降，执行近距战斗支援任务。该机装有一门30毫米双管机炮，机翼下总共有8个挂架，可携带4400千克空对地武器。苏-25攻击机反坦克能力强，机翼下可挂载“旋风”反坦克导弹，射程10千米，可击穿1000毫米厚的装甲。苏-25攻击机的低空机动性能好，可在装弹情况下与米-24武装直升机协同，配合地面部队攻击坦克、装甲车和重要火力点等。

趣味小知识

苏联入侵阿富汗时，苏军使用了苏-25攻击机执行对地密集打击的任务。

俄罗斯图 -95“熊”轰炸机

图 –95 轰炸机是由图波列夫设计局研制的远程战略轰炸机，北约代号为“熊”（Bear）。该机一共制造了 500 余架，从 1956 年服役至今。

发动机螺旋桨特写

尾部特写

研发历史

基本参数	
长度	49.5 米
高度	12.12 米
翼展	54.1 米
重量	90 000 千克
最高速度	925 千米 / 时
相关简介	

图 –95 轰炸机于 1951 年开始研制，1954 年第一架原型机首次试飞，首批生产型于 1956 年开始交付使用。早期型生产 300 多架，除用作战略轰炸机之外，还可以执行电子侦察、照相侦察、海上巡逻反潜和通信中继等任务。20 世纪 80 年代中期，图 –95 轰炸机又进行了大幅改进并恢复生产，即图 –95MS 轰炸机。

实战性能

图 –95 轰炸机在机尾装有 1 门或 2 门 23 毫米 Am–23 机炮，并能携挂 15 000 千克的炸弹和导弹，包括可使用 20 万吨当量核弹头的 Kh–55 亚音速远程巡航导弹。该机是世界上唯一服役的大型四涡轮螺旋桨发动机后掠翼远程战略轰炸机，其服役时间很长，堪称军用飞机中的“老寿星”。这主要是因为它的体积与滞空能力形成了多种不同的功能性，以轰炸机的角度而言，图 –95 轰炸机稍作修改便可做不同功能用途，如运输机、侦察机，甚至是军用客机。

趣味小知识

1961 年 10 月 30 日早上 11 时 32 分，苏联在北冰洋新地岛群岛试爆了第一颗全世界有史以来最大的核武器：沙皇炸弹。执行这一次试爆任务的飞机是一架图 –95V 轰炸机，另有一架图 –16“獾”式轰炸机作为观测机。

俄罗斯图 -22M“逆火”轰炸机

图 -22M 轰炸机是由图波列夫设计局研制的超音速战略轰炸机，北约代号为“逆火”（Backfire）。该机一共制造了 497 架，从 1972 年服役至今。

尾部特写

驾驶舱内部特写

基本参数	
长度	42.4 米
高度	11.05 米
翼展	34.28 米
重量	58000 千克
最高速度	2327 千米 / 时
相关简介	

研发历史

图 -22M 轰炸机的前型图 -22“眼罩”轰炸机是苏联第一种超音速轰炸机，性能和航程不是非常令人满意，飞机加满油和导弹后，根本无法进行超音速飞行，就算到达目标附近时其速度达到 1.5 马赫，也无法有效规避当时北约的战机和防空导弹的拦截。因此，苏军对此轰炸机并不满意，只是少量装备，并责成各设计局开发下一代超音速轰炸机来取代图 -16 和图 -22。1967 年 11 月，图波列夫设计局的方案被选中，其最终成果就是图 -22M 轰炸机。该机于 1969 年 8 月首次试飞，1972 年正式服役。

实战性能

图 -22M 轰炸机具有核打击、常规攻击以及反舰能力，良好的低空突防性能，使其生存能力大大高于苏联以往的轰炸机。该机是目前世界上列入装备的轰炸机中飞行速度最快的一种，有着无可比拟的巨大威慑力。图 -22M 轰炸机装有 1 门 23 毫米双管机炮，机翼和机腹下可挂载 3 枚 Kh-22 空对地导弹，机身武器舱内有旋转发射架，可挂载 6 枚 RKV-500B 短距攻击导弹，也可挂载各型精确制导炸弹，如 69 枚 FAB-250 炸弹或 8 枚 FAB-1500 炸弹。

俄罗斯图 –160“海盗旗”轰炸机

图 –160 轰炸机是由图波列夫设计局研制的可变后掠翼超音速远程战略轰炸机，北约代号为“海盗旗”(Blackjack)。该机一共制造了 36 架，从 1987 年服役至今。

驾驶舱内部特写

尾翼特写

基本参数	
长度	54.10 米
高度	13.1 米
翼展	55.70 米
重量	118 000 千克
最高速度	2 000 千米 / 时
相关简介	

研发历史

20 世纪 70 年代，美国提出了 B–1“枪骑兵”轰炸机的制造计划，得知此消息后，苏联方面也不甘落后，开始筹划类似“枪骑兵”的新型轰炸机。随后，图波列夫设计局在参考了“枪骑兵”轰炸机的设计后，融合自身的先进技术设计出了图 –160“海盗旗”轰炸机。该机于 1981 年首次试飞，1987 年正式服役。

实战性能

图 –160 轰炸机与美国 B–1B“枪骑兵”轰炸机非常相似，它是苏联解体前最后一个战略轰炸机计划，同时是世界各国有史以来制造的最重的轰炸机。与 B–1B 轰炸机相比，图 –160 轰炸机不仅体形更大，速度也更快，最大航程也更远。图 –160 轰炸机没有安装固定武器，弹舱内可载自由落体炸弹、短距攻击导弹或巡航导弹等武器。该机的作战方式以高空亚音速巡航、低空高亚音速或高空超音速突防为主。在高空时，可发射具有火力圈外攻击能力的巡航导弹。进行防空压制时，可发射短距攻击导弹。另外，该机还可低空突防，用核炸弹或导弹攻击重要目标。

趣味小知识

2007 年，时任俄罗斯总统普京签署了正式列装图 –160 轰炸机的命令。二十年来，图 –160 轰炸机一直处于试用阶段，也就是说，在此期间曾驾驶它的空军飞行员都只是严格意义上的试飞员。

俄罗斯伊尔 –76“耿直”运输机

伊尔 –76“耿直”（IL–76 Candid）运输机是由伊留申设计局研制的四发大型军民两用战略运输机，1974 年 6 月开始服役。

机鼻部位特写

主翼特写

基本参数	
长度	46.59 米
高度	14.76 米
翼展	50.5 米
重量	92 500 千克
最高速度	900 千米 / 时
相关简介	

研发历史

20 世纪 60 年代后期，由于安 –12 运输机作为苏联军事空运主力已经显得载重小和航程不足，苏联为了提高其军事空运能力，急需一种航程更远、载重更大、速度更快的新式军用运输机。于是，伊留申设计局以美国 C–141 运输机为假想敌，设计了伊尔 –76 运输机。该机于 1971 年 3 月 25 日首次试飞，1974 年 6 月正式服役。

实战性能

伊尔 –76 运输机的机身为全金属半硬壳结构，截面基本呈圆形。机头呈尖锥形，机舱后部装有两扇蚌式大型舱门，货舱内有内置的大型伸缩装卸跳板。该机装有绞车、舱顶吊车、导轨等必备的装卸设备，方便装卸工作。由于设计时的各种局限，伊尔 –76 运输机早期型的货舱宽度有限（货舱尺寸为 20 × 3.4 × 3.4 米），以至于苏军主战坦克必须拆除侧裙板才能装进货舱内，非常不方便。另外，载重也较为有限（48 吨）。不过，这些缺点在后期改进型上得以弥补，后期改进型的载重达到了 60 吨。

趣味小知识

2015 年 4 月 25 日，尼泊尔发生 8.1 级地震，震源深度 20 千米，震后 1 个月内 4 级以上余震 265 次。同年 5 月，俄罗斯曾派出 1 架伊尔 –76 运输机赴尼泊尔救援。

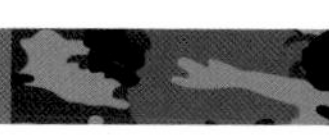

俄罗斯卡 -27“蜗牛”反潜直升机

卡 -27 直升机是由卡莫夫设计局研制的反潜直升机，北约代号为“蜗牛”。该机一共制造了 267 架，从 1982 年服役至今。

基本参数	
长度	11.3 米
高度	5.5 米
翼展	15.8 米
重量	6 500 千克
最高速度	270 千米 / 时
相关简介	

研发历史

卡 -27 直升机的设计工作始于 1970 年，第一架原型机于 1973 年 12 月首次试飞。20 世纪 80 年代初，卡 -27 直升机研制成功并投入生产。1982 年，卡 -27 直升机正式服役，用来取代已经服役十年之久的卡 -25 直升机。由于要求使用相同的机库，卡 -27 直升机被要求具备与卡 25 直升机相似的外观尺寸。除苏联（俄罗斯）外，越南、韩国和印度等国的军队也装备了卡 -27 直升机。

实战性能

卡 -27 直升机的机身采用传统的半硬壳式结构，机身两侧带有充气浮筒，紧急情况下可在水上降落。为适应在海上使用，机身材料采用抗腐蚀金属。由于共轴双旋翼的先进性能，卡 -27 直升机的升重比高，总体尺寸小，机动性好，易于操纵。此外，卡 -27 直升机的零件要比传统设计的直升机少 1/4，且大多数与俄罗斯陆基直升机相同。由于卡 -27 直升机是以反潜型来设计的，所以只装备了机腹鱼雷、深水炸弹及其他基础武器。

趣味小知识

对于卡 -27 直升机的飞行员来说，最好的事情就是卡 -27 直升机没有尾桨，因此他们的脚无须踩在踏板上控制尾桨，可以在需要的时候站起来观察。

俄罗斯卡 -50“黑鲨”武装直升机

卡 -50“黑鲨”（Ka-50 Black Shark）直升机是由卡莫夫设计局研制的单座武装直升机，从 1995 年服役至今，主要用户为俄罗斯空军和俄罗斯海军航空兵。

机鼻部位特写

驾驶舱内部特写

基本参数	
长度	13.5 米
高度	5.4 米
翼展	14.5 米
重量	7 800 千克
最高速度	350 千米 / 时
相关简介	

研发历史

卡 -50 直升机于 1977 年完成设计，1982 年 7 月 27 日首次试飞，1984 年首次对外公开，1991 年开始交付使用，1992 年年底获得初步作战能力，1995 年 8 月正式服役。幸运的是，在苏联解体大砍军费前，卡 -50 直升机就已经进入了全尺寸生产阶段，所以只被减少了建造数量，整个项目并没有因此夭折。

实战性能

卡 -50 直升机装有一门液压驱动的 30 毫米 2A42 机炮，最大载弹量为 500 发。机身上共有 4 个武器挂载点，可挂载 16 枚 AT-9“旋风”反坦克导弹，或 80 枚 80 毫米 S8 型空对地火箭（4 个火箭弹舱）。此外，还可使用 AS-12 导弹、P-60M“蚜虫”导弹、P-73“射手”导弹、FAB-500 型炸弹、23 毫米机炮吊舱等。卡 -50 直升机的座舱具有双层防护钢板，能够抵挡住 12.7 毫米子弹的射击。座椅下方还装有蜂巢式底架，可以减缓震动，防止飞行员在坠毁或重落地时受伤。最重要的是，卡 -50 直升机是第一架像战斗机一样配备了弹射座椅的直升机，飞行员利用此装置逃生只需要短短 2.5 秒。

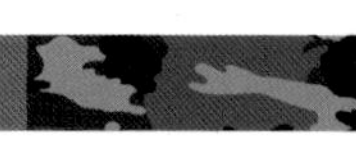

俄罗斯米 -28“浩劫”武装直升机

米 -28“浩劫”（Mi-28 Havoc）直升机是由米里设计局研制的单旋翼带尾桨全天候专用武装直升机，1996 年开始服役。

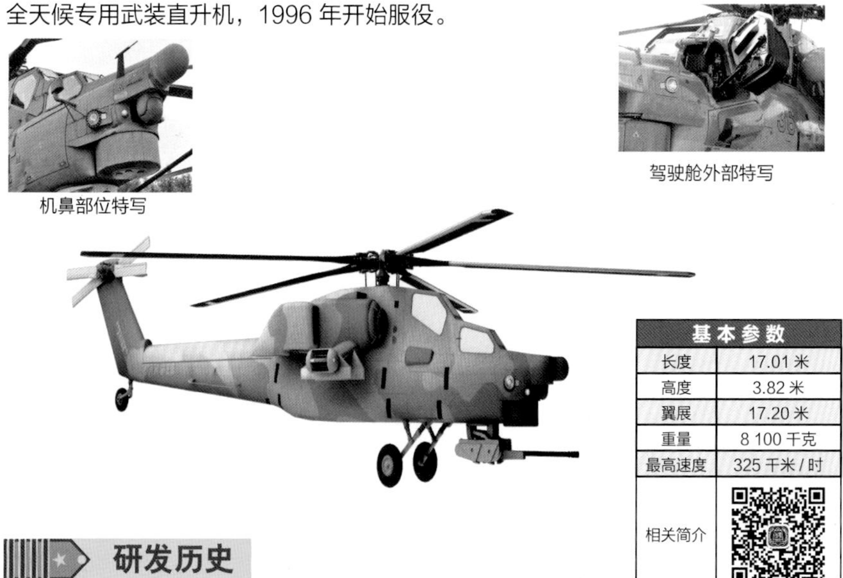

机鼻部位特写

驾驶舱外部特写

基本参数	
长度	17.01 米
高度	3.82 米
翼展	17.20 米
重量	8 100 千克
最高速度	325 千米 / 时
相关简介	

研发历史

米 -28 直升机于 1972 年开始设计，1982 年 11 月首次试飞，1989 年 6 月完成 90% 的研制工作，并在法国的国际航空展首次亮相。由于设计思维大量借鉴了 AH-64“阿帕奇”直升机，因此米 -28 被西方国家戏称为“阿帕奇斯基”。虽然自问世以来，米 -28 直升机的综合性能受到俄军的高度肯定，然而苏联解体之后的俄军缺乏足够的采购经费，因此很长一段时间都无力购买。目前，俄罗斯装备了少量米 -28 直升机。此外，委内瑞拉、土耳其等国也曾少量采购。

实战性能

米 -28 直升机的主要武器为 1 门 30 毫米 2A42 机炮，备弹 250 发。该机有 4 个武器挂载点，可挂载 16 枚 AT-6 反坦克导弹，或 40 枚火箭弹（2 个火箭巢）。此外，还可以挂载 AS-14 反坦克导弹、R-73 空对空导弹、炸弹荚舱、机炮荚舱。米 -28 直升机的机身横截面小，有助于提高灵活性和生存能力。座舱安装了 50 毫米厚的防弹玻璃，能承受 12.7 毫米枪弹的打击。旋翼叶片上有丝状玻璃纤维包裹，发动机和油箱都有周到的防护措施。

英国“台风”战斗机

“台风”（Typhoon）战斗机是由英国、德国、意大利和西班牙联合研制的一种双发多用途战斗机，2003 年开始服役。

头部特写

发动机尾喷口特写

研发历史

1983 年，英国、法国、德国、意大利和西班牙五国开始了“未来欧洲战机”计划。因意见不合，法国转而发展自己的“阵风”战斗机。1994 年，“台风”战斗机第一架原型机试飞。2003 年，“台风”战斗机正式开始服役。

基本参数	
长度	15.96 米
高度	5.28 米
翼展	10.95 米
重量	11 150 千克
最高速度	2 124 千米 / 时
相关简介	

实战性能

“台风”战斗机不仅空战能力较强，还拥有不错的对地作战能力，可使用各种精确对地武器。与其他同级战机相比，“台风”战斗机驾驶舱的人机界面高度智能化，可以有效减少飞行员的工作量，提高作战效能。该机装有 1 门 27 毫米 BK-27 机炮，13 个外挂点可以挂载 9 000 千克武器，包括 AIM-9“响尾蛇”导弹、AIM-120 导弹、AIM-132 导弹、ALARM 导弹、“金牛座”导弹、“铺路”系列制导炸弹等。

趣味小知识

与其他现代战机相比，“台风”战斗机最独特之处是有 4 条不同公司的生产线，其各自专精生产一部分零件供所有飞机，最后再负责组装自己所在国的最终成品飞机。

法国“阵风”战斗机

“阵风”（Rafale）战斗机是由达索公司研制的双发多用途战机，主要使用者为法国空军和法国海军，此外还出口到埃及、印度和卡塔尔等国。

头部特写

发动机尾喷口特写

基本参数	
长度	15.27 米
高度	5.34 米
翼展	10.8 米
重量	9 500 千克
最高速度	2 130 千米 / 时
相关简介	

研发历史

20 世纪 70 年代，法国空军及海军开始寻求新战机。为节约成本，法国尝试加入欧洲战机计划，与其他国家共同研发，但因对战机功能要求差别过大，最终法国决定独资研发，其成果就是“阵风”战斗机。1986 年 7 月，“阵风”战斗机的原型机首次试飞。2000 年 12 月 4 日，“阵风”战斗机正式服役。原本法国军队计划采购 292 架“阵风”战斗机，其中空军 232 架，海军 60 架。但因各种原因最终缩小了采购规模。2015 年，“阵风”战斗机取得了来自埃及（24 架）与印度（36 架）的订单。此外，卡塔尔也计划购买 24 架“阵风”战斗机。

实战性能

“阵风”战斗机共有 14 个外挂点（海军型为 13 个），其中 5 个用于加挂副油箱和重型武器，总外挂能力在 9 000 千克以上，所有型号的“阵风”战斗机都有 1 门 30 毫米机炮，最大射速为 2 500 发 / 分。“阵风”战斗机有着非常出色的低速可控性，降落速度可低至 213 千米 / 时，这对航空母舰起降非常重要。

趣味小知识

2009 年，法国空军的“阵风”战斗机、英国空军的“台风”战斗机、美国空军的 F-22“猛禽”战斗机均参加了在阿拉伯联合酋长国举行的军事演习。法国宣称“阵风”战斗机在空战演习中以 7∶1 大比数击败英国空军的“台风”战斗机，英国方面则称此次演习结果不具代表性。

瑞典 JAS 39“鹰狮”战斗机

JAS 39“鹰狮”（JAS 39 Gripen）战斗机是由萨博公司研制的单座全天候战斗机，“JAS”是瑞典语中“对空战斗”“对地攻击”和“侦察”的缩写。

机鼻部位特写

驾驶舱外部特写

基本参数	
长度	14.1 米
高度	4.5 米
翼展	8.4 米
重量	6 620 千克
最高速度	2 204 千米 / 时
相关简介	

研发历史

JAS 39 战斗机的研发历史最早可以追溯到 1980 年，当时它作为 SAAB 37 的后继机型开始研发。瑞典情报部门预测，在 JAS 39 战斗机的服役过程中，苏联的苏 -27 战斗机是它可能遇到的最大的威胁。由于苏联距瑞典的最近点只有 200 千米，所以 JAS 39 战斗机没有必要设计成为一种大型的双发飞机。1988 年 12 月，JAS 39 战斗机的试验机完成首次试飞，之后因操控系统缺陷导致生产计划大幅延迟。1997 年 11 月，JAS 39 战斗机正式服役。

实战性能

JAS 39 战斗机优秀的气动性能使其能在所有高度上实现超音速飞行，并具备较强的短距起降能力。该机的固定武器是 1 门 27 毫米机炮，机身 7 个外挂点可以挂载 AIM-9 空对空导弹、“魔术”空对空导弹、AIM-120 空对空导弹、AGM-65 空对地导弹、GBU-12 制导炸弹、Bk 90 集束炸弹等武器。

趣味小知识

JAS 39 战斗机一直以低成本作为发展策略，JAS 39C/D 型的报价在 4 000 万～6 000 万美元，相对于其他三代半战斗机有明显价格优势。

日本 F-2 战斗机

F-2 战斗机是日本航空自卫队现役的主要战斗机种之一，也是接替 F-1 战斗机任务的后继机种，有“平成零战”之称。

尾翼特写

驾驶舱外部特写

基本参数	
长度	15.52 米
高度	4.96 米
翼展	11.13 米
重量	9 527 千克
最高速度	2 469 千米 / 时
相关简介	

研发历史

1987 年 11 月，日本和美国签订协议，由日本政府出资，以美国 F-16 战斗机为样本，共同研制一种适用于日本国土防空的新型战斗机。最初这种飞机被称为 FS-X，后来正式定名为F-2战斗机。1995年10月，首批4架原型机开始试飞。F-2 战斗机原本计划于 1999 年服役，但因试飞期间机翼出现断裂事故而推迟到 2000 年。

实战性能

F-2 战斗机最初的主要任务为对地与反舰等航空支援任务，因此航空自卫队将其划为支援战斗机。后期换装 J/APG-2 相控阵雷达之后，F-2 战斗机凭借先进的电子战系统和雷达，在空对空作战中也有不错的表现。该机装有 1 门 20 毫米 JM61A1 机炮，位于左侧翼根，可携弹 512 发。此外，还可挂载 8 085 千克外挂武器，包括 AIM-7F/M“麻雀”中程空对空导弹、AIM-9L“响尾蛇”近程空对空导弹、AAM-3 近程空对空导弹、GCS-1 制导炸弹、自由落体通用炸弹、JLAU-3 多管火箭弹、RL-4 多管火箭弹、ASM-1 反舰导弹和 ASM-2 反舰导弹等。

趣味小知识

2007 年 10 月 31 日，一架编号为 43-8126 的 F-2 战斗机（2004 年服役）在爱知县名古屋机场进行飞行试验时起飞失败，飞机随后着火焚毁，两位飞行员成功跳伞仅受轻伤。

印度“光辉”战斗机

“光辉”战斗机是由印度斯坦航空公司研发的轻型战斗机，开发项目源于印度的“轻型作战飞机”（Light Combat Aircraft，LCA）计划。

基本参数	
长度	13.2 米
高度	4.4 米
翼展	8.2 米
重量	6 500 千克
最高速度	1 920 千米 / 时
相关简介	

研发历史

20 世纪 80 年代初，巴基斯坦从美国获得了先进的 F-16 战斗机。为此，印度决心要研制一种全新的作战飞机，性能上全面超越 F-16 战斗机。1983 年，印度“轻型作战飞机”项目正式上马，后来该项目计划被正式命名为“光辉”。虽然包括发动机在内的关键部件都从国外引进，但受印度国力及航空科技水平的限制，“光辉”战斗机研制工作的进展非常缓慢。直至 2001 年 1 月 4 日首架试验机升空，印度已耗资约 6.75 亿美元。2015 年 1 月，“光辉”战斗机正式服役，整个项目耗资超过 10 亿美元。

实战性能

“光辉”战斗机的气动外形经过广泛的风洞试验和复杂的计算机分析，能够在确保战斗机轻盈小巧的同时，最大限度地减少操纵面，扩大外挂的选择性、增强近距缠斗的能力，同时继承了无尾三角翼优秀的短距起降能力。虽然这种气动外形在一定程度上牺牲了高速性能，但印度军方认为，现代空战强调的是高机动性以及超视距打击能力，没有必要追求更大的飞行速度。“光辉”战斗机装有 1 门 23 毫米 GSh-23 机炮（备弹 220 发），8 个外部挂架可挂载 3 500 千克导弹、炸弹或火箭弹等武器，也可挂载航空燃油、电子吊舱或侦察吊舱。

趣味小知识

最初印度打算“光辉”战斗机整体的航空电子设备均由本国生产，但最终仅有 60% 的部件实现国产。

参考文献

[1] 深度军事．民用飞机鉴赏指南（珍藏版）[M]．北京：清华大学出版社，2018.

[2] 深度军事．现代战机鉴赏指南 [M]．北京：清华大学出版社，2014.

[3] 艾登．现代世界各国主力战机 [M]．北京：中国市场出版社，2014.

[4] 惠特福德．民用客机发展演变 [M]．北京：中航书苑文化传媒（北京）有限公司，2010.

世界武器鉴赏系列

现代舰船
鉴赏指南
第3版
清华大学出版社

现代飞机
鉴赏指南
第3版

现代战机
鉴赏指南
第3版

单兵武器
鉴赏指南
第3版
清华大学出版社

特种作战装备
鉴赏指南
第3版
清华大学出版社

世界名枪
鉴赏指南
第3版
清华大学出版社

坦克与装甲车
鉴　赏
第3版
清华大学出版社

二战尖端武器
鉴赏指南
（第2版）
清华大学出版社

世界手枪
鉴赏指南
（第2版）
清华大学出版社

PN-480
早期经典战机
鉴赏指南
（第2版）
清华大学出版社

美国海军武器
鉴赏指南
（第2版）
清华大学出版社

空战武器
鉴　赏
珍藏版

陆战武器
鉴　赏
珍藏版

无人装备
鉴　赏
珍藏版

丛书累计销量突破30万册
特殊武器
鉴赏指南
（第2版）

海战武器
鉴　赏
珍藏版